DECIPHERING SCIENCE SERIES
破译科学系列

王志艳◎主编

拨开自然界
未解的迷雾

科学是永无止境的
它是个永恒之谜
科学的真理源自不懈的探索与追求
只有努力找出真相，才能还原科学本身

延边大学出版社

图书在版编目（CIP）数据

拨开自然界未解的迷雾 / 王志艳主编. —延吉：
延边大学出版社，2012.7（2021.6重印）
（破译科学系列）
ISBN 978-7-5634-3867-9

Ⅰ．①拨… Ⅱ．①王… Ⅲ．①自然科学－普及读物
Ⅳ．①N49

中国版本图书馆CIP数据核字（2012）第160926号

拨开自然界未解的迷雾

编　　著：王志艳
责任编辑：李东哲
封面设计：映像视觉
出版发行：延边大学出版社
社　　址：吉林省延吉市公园路977号　邮编：133002
电　　话：0433-2732435　传真：0433-2732434
网　　址：http://www.ydcbs.com
印　　刷：永清县晔盛亚胶印有限公司
开　　本：16K 165×230毫米
印　　张：12印张
字　　数：200千字
版　　次：2012年7月第1版
印　　次：2021年6月第3次印刷
书　　号：ISBN 978-7-5634-3867-9
定　　价：38.00元

版权所有　侵权必究　印装有误　随时调换

前言 Foreword

　　自然科学是研究自然界物质形态、结构、性质和运动规律的科学。它不仅是巨大的生产力，推动经济的发展，而且对人类思想文明的进步也起着巨大的推动作用，成为提高人类认识世界能力的源泉、建立科学世界观的重要基础。

　　在宇宙呈现给人类的大自然现象中，不仅有它固有的规律，而且充满了千奇百怪和令人不可思议的神奇，使人们在接受和享用它的同时，更想去探索、去追究、去开发……

　　人在青少年时期，往往对许多自然现象和自然科学都充满了浓厚的兴趣，尤其对自然科学领域的那些未解之谜更是充满了好奇心。为了满足青少年的求知欲望和对知识的探索精神，我们编写了这本揭开大自然未解迷雾的读物。

　　本书将自然科学领域最经典的未解谜团呈现在读者面前，通过通俗流畅的语言、新颖独特的视角、科学审慎的态度，展示和剖析了这些自然科学之谜产生的原因、原理及其背后隐藏的真相和玄机。

　　希望本书的出版发行，能激发起广大青少年读者的兴趣和爱好，使他们更加努力学习科学文化知识，掌握探求知识的本领，更好更多地去探索未知领域的真相。

　　本书在编写过程中，参考了大量相关著述，在此谨致诚挚谢意。另外，由于时间仓促和水平有限，书中尚存在纰漏和不成熟之处，恳请各界人士予以批评指正，以利再版时修正。

目录
CONTENTS

目录
CONTENTS

脚下的大地为什么会发生地震

地壳的天然震动称为地震，同暴雨、台风、雷电、洪水等一样，是一种自然现象。全球每年发生地震约500万次，其中人能清楚感觉到的就有5万多次，能造成破坏的5级以上地震约1000次，而7级以上有可能造成巨大灾害的地震十多次。

我们都知道地震是一种地壳快速而又剧烈的运动。下面来介绍下关于地震的几个概念：地震波发源的地方称为震源。震源在地面上的垂直投影称为震中。震中及其附近的地方称为震中区，也称极震区。震中到地面上任意一点

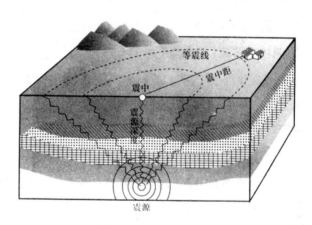

△ 地震示意图

的距离称为震中距离，简称震中距。震中距小于等于100千米的称为地方震；在100～1000千米之间的称为近震；1000千米以上的称为远震。发生地震时，在地球内部出现的弹性波叫做地震波。地震波又分为体波和面波两大类。体波在地球内部传播，面波沿地面或界面传播的。按介质质点的振动方向与波的传播方向的关系划分，体波又分为横波和纵波。地震波在地球内部传播时，遇到不均质界面便会发生反射和折射现象，产生更多类型的波。分析地震的记录，识别出不同性质的地震波在地震图上的表现，便可推断地震的发生位置、震级、震源机制等多个重要参数，还可推断地球的内部结构。

把石子投入水中，水波会向四周一圈一圈地扩散一样，和这个道理一样，地震波也会扩散。振动方向与传播方向一致的波称为纵波（P波），纵波的传播速度很快，每秒钟传播5～6千米，会引起地面的上下跳动。振动方向与传播方向垂直的波称为横波（S波），横波传播速度比较慢，每秒钟传播3～4千米，会引起地面水平晃动。因此地震时地面总是先上下跳动，后水平晃动。由于纵波衰减快，所以离震中较远的地方，只感到水平晃动。在地震发生时的时候，横波是造成建筑物严重破坏的主要原因。由于纵波在地球内部的传播速度大于横波，所以地震时纵波总是先到达地表，相隔一段时间横波才能到达，两者之间有一个时间间隔，不过相隔时间比较短。我们可根据间隔长短判断震中的远近，用每秒8千米乘以间隔时间就可以估算出震中距离。这一点非常重要，地震来临时纵波给我们一个警告，告诉我们造成建筑物破坏的横波马上要到了，应该立刻防范。由此可以看出地震波可以用来地震勘探。其实早在1845年马利特就曾用人工激发的地震波来测量地壳中弹性波的传播速度，在第一次世界大战期间，交战双方都曾利用重炮后坐力产生的地震波来确定对方的炮位，这些可以说是地震勘探的萌芽。地震波的用途不止如此，下面我们来看看地震波还有哪些重要作用。由于用地震波进行地震勘探具有其他地球物理勘探方法所无法达到的精度和分辨率，所以在石油和其他矿产资源的勘探中也采用了用这一方法，用地震波进行勘探，如今用地震波进行勘探是石油和其他矿产资源勘探最主要和最有效的方法之一。

各种矿产资源在构造上都会具有自己的特征，如石油、天然气只有在一定封闭的构造中才能形成和保存。地震波在穿过这些构造时会产生反射和折射现象，通过分析地表上接收到的信号，就可以对地下岩层的结构、深度、形态等作出推断，进而可以为以后的钻探工作提供准确的定位。

利用地震波还可以为国防建设服务。很多人会产生这样的疑问，地震波和国防建设之间有什么联系？截至2000年11月，已经有16个国家正式签署了全面禁止核试验条约（CTBT）。现在所面临的一个共同问题是，如何有效地监测全球地下核爆炸，而这正是地震学的用武之地。地下核爆炸和天然地震一样也会产生地震波，会在各地地震台的记录上留下痕迹。而地下核爆炸和

△ 地震所带来的巨大破坏

天然地震的记录波形是有一定差异的，根据其波形不仅可以将它与天然地震区分开来，而且可以给出其发生时刻、位置、当量等。

其实，地震学的应用还远不止以上这些领域，还包括很多方面。例如，目前用地震勘探的方法预测火山喷发取得了很大的进步；对水库诱发地震的研究，为大型水库提供安全保障。如在我国的三峡工程建设中，库区地震灾害的研究就是工程可行性论证的重要内容之一；对矿山地震的监测是保护矿山安全的重要手段之一；地震学还可用于对行星的探测，通过对行星自由振荡的研究可以揭示行星内部的大尺度结构。因此地震学这门古老的学科，正不断获得活力，成为迅速发展的前沿学科之一。

直至今天地震之谜还没有完全解开，但是我们相信随着物理学、化学、古生物学、地质学、数学和天文学等多学科交叉渗透，以及航天监测技术、钻探技术、信息技术等高新技术的深入发展，地震科学将会取得长足进步，从而大大提高人类预测地震和抗御地震的能力，地震之谜也会一一解开。

大地震前的神秘现象之谜

　　地震主要发生在地球两个大带上：环太平洋地震带和欧亚横贯地震带。此外，各大洋的海岭（海脊，亦称海底山脉）上面也是地震频繁的地方，这个带上的地震强度较弱，但足以绵延几万千米。

　　中国地处环太平洋地震带和欧亚横贯地震带之间，是多地震国家，古代和当代因地震而造成的大震死亡人数最多的都在中国。1556年1月23日的地震死亡人数是83万。1976年唐山大震，拥有上百万人的城市几十秒内变成废墟，死了24万人。1923年的东京地震，1970年的秘鲁地震，1977年罗马尼亚首都布加勒斯特地震，1985年的墨西哥地震，1992年的苏联亚美尼亚地震都没有超过这些纪录。

　　地震，分为天然地震和人工地震两大类。一般说的地震即指天然地震，天然地震又分"构造地震"和"火山地震"。前者是指地下岩石的构造活动而产生的地震，它破坏性可能很大，影响范围也可能很广；后者指火山爆发引起的地震，它强度较小，波及面也不大。此外，某些特殊情况也会产生地震，岩洞的崩塌，大陨石的撞击等，当然这种情况是极为罕见的。

　　通常来说，地壳的运动，地震带的形成，地震的发生是有一定规律的。地震分平静期和活跃期。在平静期内，地壳内部能量积累不够，地震发生较少而又较弱。当地壳内部的能量积累到一定程度时，就要迸发出来。此时地震活跃期到来，地震将频频出现。

　　在发生地震之前，通常会出现神秘的异常现象。这些现象不是因人们忽略，便是因人们无知而不能破译，而未能躲避地震带来的灾难。

　　神秘的地光。大地震发生之前，虽在漆黑之夜，忽然朗如白昼，天空中出现耀眼夺目的地光，五彩缤纷，十分壮观。唐山地震临震前，市郊有父女俩赶马车去唐山市拉水泥，半夜时回家。在回家途中，天空突然朗如白昼，女儿因之莫名其妙地恐惧。老头问她怕什么，女儿回答："奇怪，没有月亮，半夜天为什么发亮，就像白天，什么都看得清清楚楚。"当晚马不进棚，鸟不归巢。不久果然便爆发了大地震。

科学家解释，地震前震源区岩石发生剧烈变形，同时产生压电效应，特别是在石英岩地区，压电效应更加显著。据计算，大地震前，在石英晶体中能产生每米数千伏的电势差，引起地电异常变化。远在100多年前，欧洲就有人用验电计测出地震时空气带电的现象。临震前，猫大叫，毛直竖，背上放出火花。1977年江苏溧水4.1级地震前，有一农妇正在田里劳动，突然她的头发直竖，无法梳下，不久便发生了地震。因此科学家认为，地光是一种放电现象。

神秘的地声。大地震发生之前，常会听见从地底传来的神秘的地声，如同雷声，滚滚而来。然而，更多的是仿佛从空中传来的，有人记录："奇特的隆隆声，仿佛海军的大炮在演习一般，发出阵阵爆炸声，滚动声。"1950年中国西藏察隅地震时，一位正在震中地区的地震学家，在震后不久听到五六次短促的强大爆炸声，"仿佛是从天而降一般"。也有人报道，地声"仿佛是从天空中驶来的一辆列车，轰隆隆地驶过来，接着便发生爆炸声"。

地震专家认为、在震中区，地声是一种由大地向上传播的声波，因而感觉到它的人根本无法指出它来自何方；如果人们感到它像"远处的雷鸣"，那足见此声距离很远。

但为什么众多的报道，都说恍如"从天而降"呢？地声，在人们的描述中，实则是"天声"，是"雷鸣"，是"炮弹在空中爆炸"。

并且人们发现，并非地声的发生就一定会有大地震。在世界各地，还有这种许多神秘的地声。人们常常听见地声，有时一连几个月，但并没有发生地震。在孟加拉湾，就一直响着有名的"巴里萨尔的炮声"，人们经常听到天空中传来大炮轰响的声音，却始终无法找到大炮声来自何处。闻名世界的"比利时神秘之声"也是如此，往往在晴空万里之际，便响起隆隆的雷声。

而发生在美国塞内卡福尔斯的"塞内卡之声"更是一个谜。它一连数年毫无规律地、有间隔地出现在这个城市的周围。人们在数百千米的方圆内寻找声音的根源，可是毫无结果。

对于"地声"是否由地壳中的挤压、震动而产生，还存有争议。事实上，大地震的来临常是在人们并未觉察下发生的。地下震次的传递，是以次声方式传递的，对动物有反应，而人类却觉察不出来。那么，人们通常听到的"空中惊雷"等又是怎么一回事呢？

唐山大地震，人们便没有感受到任何地声的前兆，这一天一片宁静，人们都沉入了梦乡。1976年7月28日凌晨3点42分，地震突然来临，大地发出可怕的怒吼，城市激烈地摇晃。看来，人似乎是不能直接事先感知地震的。地声在这次大地震前，并未出现。

地声委实是一神秘现象。有时能预兆地震，有时又完全失效。人们现在只能将其作为一种神秘的自然现象来对待。

神秘的动物兆震。动物兆震，似也成为共识。在唐山大地震发生前一天，7月27日上10时，唐山市滦南县城王东庄村民，在棉花地里见到大老鼠叼着小老鼠跑着，小老鼠依序咬着尾巴，排成一串跟着。当时就有人议论："天要下雨，老鼠怕水灌洞。""老鼠搬家，怕要地动。"

7月25日上午。抚宁县坟坨徐庄，有人发现成百只黄鼠狼从一堵古墙里倾巢而出，大黄鼠狼有的背着小的，有的叼着小的。向村外转移。7月26日和7月27日，黄鼠狼又陆续向村外转移。那几天黄鼠狼不停地嗥叫，很不安宁。

昌黎县有一家养了两三百只鸽子，唐山地震前一两个小时，鸽子倾巢而出，惊醒了主人。正在诧异之时，大地震就发生了。

有一条狗，在临震前那天夜里，就是不让主人睡觉，主人一躺下，它就进屋来咬。主人赶它出去，它又进来，反复数次，后来竟咬了主人一口，主人生气，持棍追打，刚出门，大地震就发生了。

地震前动物的异常反应是地震引起的呢，还是与地震无关，仅仅是偶然的巧合呢？一部分人认为，地震前动物的异常反应是地震刺激的结果，是地震的一种前兆现象。但另一部分人认为，这是与地震无关的异常现象，不过是一种偶然的巧合。就以大小老鼠依次咬着奔逃为例，在每年的5月中旬小麦接近黄熟，开镰收割之时，老鼠如不撤离就有生命危险，其迁徙是种本能反应。动物出现异常现象原因很多，而大地震则千载难逢，所以震前动物的异常现象与地震毫无瓜葛。

在地震区并非所有的动物都出现异常反应。随着地震现象考察的深入，人们发现震前动物异常的地区分布并不是任意的，而往往沿着发震的地质构造体两侧分布。例如海城地震前，动物异常集中分布在北东和北西两条断裂带两侧。1976年内蒙古和林格尔地震前，动物异常集中分布在与长城走向一致的断裂带上，形成十几千米的动物异常条带。越过断裂带向北，动物异常反应就没有了。人们还发现地震前动物的异常反应在地区上有点状分布的现象，有的地方常反应很突出，即所谓灵敏点；动物常反应的灵敏点往往分布在断裂带的交叉点，两端和某些地下通道的出口处。丰南县养鸡场的鸡群异常反应，便是因鸡舍下有一条大的地裂缝，正在冒热气，气味难闻而引起的。

然而有人指出，动物的异常反应，也可能由煤气的泄漏造成空气污染和水源的污染等引起。譬如大量鱼类的翻滚、死亡一般认为是地震前兆，然而近年发生的大面积鱼类死亡事件却是因水质污染造成。动物的异常反应是对灾变的一种本能反应，还是地震前兆的表现，则还需结合其他因素。

对动物与地震关系的研究，尚处于探索阶段，地震前动物异常反应的机理至今仍是一个谜。

神秘的云气兆震。中国古代相当重视对云气的观察，认为天空中的云彩变化，可以预兆气候的阴晴、水灾旱灾的发生等。依靠云气来占卜气候成为中国古代术数中十分神秘的一项学问。在中国历史上，也有过多次关于云气兆震的记载。例如。1935年，在宁夏《隆德县志》上便载到："天晴日暖，碧空晴净，忽见黑云如缕，宛如长蛇，横亘空际，久而不散，势必地震。"就是说，这种长条状云如果较长时间不消失，就一定要发生地震。清朝王士桢的《池北偶谈》"地震"一节中，记载："康熙戊申六月十七日戌刻，山东、江南、浙江、河南诸省，同时地大震。而山东之沂、茗、郯三州县尤甚……淮北沭阳人，白日见一龙腾起，金鳞灿然，时方晴明，无云气云。"文中的"龙"、"金鳞"，可能是古人对"地震云"的不精确的观察和描述。在清人计六奇的《明季北略》中，也在《记异》中记到：万历四十四年丙辰（1616年），"二月二十五日，南京地震。自西北来有声。山东地裂。龙斗正阳门，河水三里赤如溃血，京师大震。"这次京师大震前，在正阳门空中出现"龙斗"，可能是几条带状的地震云，并且是红光迸射，所以才映得"河水三里赤如溃血。"，又"天启元年（1621年）辛酉二月初三日，辽东日晕……其日晕之上，大圈之中，约有光彩数丈许，青红如虹状……翌日淮、徐地震，屋瓦皆动"。这里记载了在辽东出现的"如虹状"的地震云，而第二天就在安徽一带发生了地震。

中国地质学家在当代也观测到不少云气兆震的现象。

1978年3月3日早晨，地质学家吕大窘在北京中关村地区北部天空观测到走向为北东东向的条带状地震云彩，结合"激光"测得的基岩应变突跳、颤抖和基岩地电突跳情况，预报3月7日上午10时在日本将发生一次强烈地震。果然，于3月7日10点45分，日本海发生了7.5级地震。

同年4月8日凌晨，吕大窘观察到地震云，当时便向地震局预报："4月12日，在北太平洋的阿留申群岛附近，将发生7级左右地震。"届时，果然在阿留申群岛以东的阿拉斯加发生了7.0级地震。

1979年7月1日到8日，在北京、河南、日本各处，都看到了地震云。北京地区的报告有称"7月1日向西北方向看到了走向东北——西南方向的较长条带状云，垂线方向指向东南方向"。也有称"在4日早晨5——6时，在东南方向看到了较长的白色条带地震云，走向为东东北——西西南方向，垂线方向指向东南偏南方向"。日本也有不少人在日本上空观测到了地震云。中国地质学家将地震云垂线的交汇点找了出来，正是江苏溧阳。并预测地震的发震时间为7月10日前后。江苏溧阳县结果在7月9日晚发生了6级地震。

通过观察地震云并结合仪器测震，中国地质学家准确地预测到了多起地震。古老的云气兆震，有着其神妙的实用价值。

地震云一般有三种类型：一是稻草状或条带状云；二是纸折扇似的辐射

状云；三是肋骨状云。以第一种条带状地震云较为多见。

地震云可以呈现红、橙、黄、青、紫、灰、白、黑等各种颜色。它们一般出现在凌晨或傍晚。

条带状震云的垂线方向大体就是震源所在地的方向。如果较长时间不消失，那很可能将要发生近震！

据专家解释，条带状的地震云与地壳活动断裂带有关。由于在震前这个断裂带不断有热气流上升，从而在其上空形成与断裂带走向一致的条带状地震云。地震云既是远处地震临震前的征兆，同时也是预示近处要发生地震的短期或中期前兆。

这种条带状的地震云，早为中国古人所注意，所谓的"飞龙乘云，腾蛇游雾"，可能指的便是地震云。中国人可能早已发现了云彩与地震的关系，云彩的云字，繁体字是"雲"，打雷的"雷"字，下雪的"雪"字，地震的"震"字，其上部部首均为"雨"，这说明中国古人早就以为地震是与气象有关系的。

唐山大地震前后，均出现过"飞龙"。1976年7月27日傍晚，日本科学家在日本九州大偶拍摄到条带状地震云。7月28日凌晨便在唐山发生了7.8级地震。其后在1976年9月9日凌晨1时左右，在江苏省江阴县黄港村上空，月澄天碧，突然有两块乌云移来，乌云中嵌着两条龙形躯体，它们通体泛出金黄色，与乌云形成鲜明对照，一前一后，缓缓从由东北（唐山正在其东北方向）照直飞向西南，高度好像只有五六层楼房那么高。当时的目击者是村里负责防震值班的青年农民黄福平和其兄黄江平。

唐山大地震因是龙年，故有"龙年是龙形"的民间说法。其实，云彩呈"龙形"（或如长蛇）即是地震云。据地震专家分析，中国地震发生的周期，的确近似12年。自从唐山大地震之后，自1977年至1988年连续出现了12年的平静期，之后1989年在云南澜沧、耿马又相继发生6级以上地震。专家们分析认为，龙年前后出现的条带形地震云（龙形云）值得特别的注意。

神秘的地涌兆震。据史料记载，1676年，山东邹平县郭庄地震前，"井鸣如牛吼"。近些年来我国发生的多次地震，也往往会出现"井响"的奇异现象。唐山大地震前，北京地区的"井响"可分为三类：有些像打鼓似的跌水声；有些像开锅似的水泡声；有些像吹哨似的气流声。邢台地震前，隆尧马栏水井连续6天翻花冒泡，震前一天井水"嘶嘶"作响。

1955年4月14日，四川康定县发生7.2级地震前两天，离震中10千米处的温泉发生水冒，震前一天喷起0.3～0.7米高的水柱，流量大增，震后又恢复如常。宁夏《隆德县志》记载："地震之兆约有六端：井水突然浑如墨汁，泥渣上浮；池沼之水无端泡沫上腾……"在正常情况下，地下水一般是清澈透明，无色、无味、无臭的，但在大地震之前，有些井、泉突然翻沙、变浑、变色、变味、发臭、漂油花或者冒泡、打旋、发响。有些井、泉水在大地震前发生呈红、黄、绿、蓝、灰、黑等色，有甜、咸、酸、苦、涩等味，甚至有煤油、硫黄、泥腥、水草等气味。例如：通海地震前两天，井水翻滚，浑如米汤；溧阳地震前两日井水变黄，如开水沸腾，散发水草味。水位比平时升高约1.5米；松潘地震前几个月，井水呈乳汁或蓝色如靛。

一般认为，地涌现象可能是地震迫使地壳爆裂，地下水喷出，形成喷泉及间歇泉，井水水位上升。然而往往当人们觉察到时已经为时已晚。在地震中所发生的地涌更令人恐怖，一位曾经经历这一可怕时刻的人描述到：

"我的汽车忽然摇晃起来……摇晃一停止，公路两旁的建筑便纷纷倒塌。接着整个地区的地面上冒出几百条水柱，喷出水和沙。沙粒积成锥体如小火山，水从"小火山"口喷出，有的泥沙水柱高达6英尺。几分钟后，眺望公路两旁只见沙和水，水和沙。公路上也喷出水柱，我看到前面路上有许多大裂缝。汽车下陷，我踩进水里奔逃，那水滚烫如沸泉，有人掉进蒸汽腾腾的裂缝中……"

尽管在发生地震前有种种神秘的迹象，人类为预测地震也做了许多卓有成效的工作，然而，大地震却往往在人们猝不及防时发生，给人类带来巨大的灾难，人类还远远没有掌握大地震准确的时间表。这或许便是人们至今仍感到大地震还是那样神秘、恐怖的原因吧。

第一台地震仪的发明之谜

我国东汉时期（132年），在京师（今河南洛阳）盛传着一个惊人的消息，说太史令张衡发明了一种仪器，可以测到发生地震的时间和方位。但也有人不相信，认为地震发生在几百里以外，人怎么能测出来呢？这不成"决胜于千里之外"了吗？

张衡生于78年，死于139年，是我国古代杰出的科学家。他在数学、天文、地震等方面，都有突出的成就。张衡发明的仪器叫地动仪，这是世界上第一台地震仪。据《后汉书》记载，地动仪以精铜铸造而成，圆径达8尺，外形像个酒樽，机关装在樽内。外面按东、西、南、北、东北、东南、西南、西北八个方位各设置一条龙，每条龙嘴里含有一个小铜球，地上对准龙嘴各蹲着一个铜蛤蟆，昂头张口。当任何一个方位的地方发生了较强的地震时，传来的地震波会使樽内相应的机关发生变动，从而触动龙头的杠杆，使处在那个方位的龙嘴张开，龙嘴里含着的小铜球自然落到地上的蛤蟆嘴里，发出"当"的响声，这样观测人员就知道什么时间、什么方位发生了地震。

134年，这台地动仪西方的龙嘴张开了，铜球"当"的一声落到蛤蟆嘴里，测知洛阳以西发生地震。但由于洛阳没有感到震动，所以很多人议论纷纷，说这台仪器不准。几天以后，信使飞马来报，距离洛阳以西1000多里的陇西（今甘肃东南部）发生了大地震，这才使朝廷内外"皆服其妙"。

近代的地震仪在1880年才制成，它的原理和张衡地动仪基本相似，但在时间上却晚了1700多年。

地震发生时为何不能盲目乱跑

很多震灾事实表明，地震发生时在房间内避险比盲目外逃更安全。一般情况下，破坏性地震发生的瞬间也就是从地震来临到房屋、建筑倒塌这一过程，只有十几秒钟的时间，在这生死的紧急关头一定要保持清醒的头脑，沉着冷静，千万不要慌乱，更不能没有目标的到处乱跑。下面是一些震灾中的事例：

1979年，我国江苏溧阳发生6级大地震，80％重伤员和90％死亡者都是由于恐惧慌乱，盲目乱逃被屋外倒塌的檐墙和门头砸压所致。还有1996年2月3日晚，云南省丽江发生的7.0级地震，当时地区礼堂正在演电影，剧院经理带着7岁的女儿和他的一个同事在票房售票。当大地开始晃动时，他们反应非常快，经理拉着女儿和同事立即冲出礼堂。然而正在这时候，礼堂门厅上方和房顶的女儿墙被震落下来，他们三人当场被砸死，而礼堂内数百名观众却有惊无险，安然无恙。

2005年11月26日江西九江、瑞昌发生的5.7级地震中，死亡13人，除2人是突发疾病死亡外，剩下的11名的死亡都是被女儿墙或门头砸压所致。如果他们不恐惧慌乱，不盲目乱逃，而是有意识地在屋内选择正确的位置躲避，这些伤亡都是可以避免的。

1994年9月6日，台湾海峡发生7.3级大地震，我国大陆沿海地区遭受灾害，有4人死亡，800多人受伤，直接经济损失2亿元。特别引人注目的是伤亡者大多数是中小学生，这些学生并不是因为房屋倒塌而造成的伤亡，几乎全是因为临震惊慌，老师没有避震知识或没有行使职责，致使学生无序蜂拥，乱跑乱挤，奔逃中互相挤压、踩踏而造成悲剧。

2005年江西发生5.7级地震，地震发生后，湖北省武穴、阳新、新春三地学生在撤离时发生严重踩踏事件，共造成103人受伤，其中有7人受重伤。上午8时49分，第一次地震发生的时候，阳新县某中学学生正在上课。当校舍开始摇晃时，学生们纷纷拥向教室门口，冲往操场。几名学生在2楼和3楼之间的楼梯口跌倒，引发踩踏事件，造成47名学生不同程度受伤。

2008年5月12日，四川汶川发生8.0级大地震，在灾情最重的北川县，北川中学的两栋教学楼轰然倒塌，随后在漫天的尘土中主教学楼晃动几下后，突然矮下去好几米。高三（1）班的班主任李军正在主教学楼四楼给高三（5）班上课。楼房突然开始剧烈晃动，有两名临窗的男生准备上窗台跳楼，李军让大家都蹲下不要慌。几秒钟过后，教学楼不再摇晃，他瞬间有一种失重的感觉，原来是下面的一、二层楼塌陷了。他组织学生马上撤离，等教室里最后一名学生走完，他才离开教室。

在地震发生的时候，北川中学团委书记骞绍奇和初一（6）班主任刘宁，正在县委礼堂带领100多名学生参加"五四"青年节庆祝会。突然礼堂发疯似的晃动，而且越晃越厉害。他俩几乎同时对同学们大喊："地震了，快钻到椅子底下！不要乱跑！"话音刚落，礼堂顶部的水泥块大片坠落，结实的铁椅子保护了这些身材弱小的学生。地震过后，他们迅速把学生带到礼堂外面的广场。

无数次血的教训时刻提醒我们，当地震发生时，千万不要乱跑！

那么遭遇地震时，我们该如何进行自救？地震学专家给大家介绍了以下四种自救方法，这些方法是自救的法宝，一定要牢牢记住。

一、大地震时不要忙中出错

当破坏性地震来临时，从人感觉到振动到建筑物被破坏，平均只用12秒钟的时间，在这短短12秒内你一定要沉着冷静，千万不要慌乱，保持清醒的头脑，根据所处环境立即作出保障安全的抉择。如果你住的是平房，你可以迅速跑到门外。如果你住的是楼房，千万慌乱不要跳楼。应立即关掉煤气，切断电闸，暂避到坚固的桌子、床铺下面，或是洗手间等跨度小的地方，地震过后要迅速撤离，防止发生强烈余震。

二、人多先找藏身处

发生地震时，如果正在学校、影剧院、商店等人群聚集的场所，千万不要慌乱，应立即躲在椅子、桌子，或坚固物品下面，等地震过后再有序地撤离。现场工作人员必须冷静地指挥人们就地避震，绝对不能带头乱跑。

三、远离危险区

如果发生地震时正在街道上，应立刻用手护住头部，迅速远离楼房，到街心一带。如在郊外，要注意远离陡坡、山崖、河岸及高压线等。正在行驶的火车和汽车要立即停车。

四、被埋时要保存自己的体力

假如震后不幸被埋压在废墟，要尽量保持冷静，设法自救。实在无法脱险时，要保存体力，尽力寻找食物和水，努力创造生存条件，耐心等待救援人员的到来。

五、地震时安全三角区的保护

当地震来临时，提倡躲在桌下、桌旁或小开间房里，主要理由就是利用塌落物与支撑物形成的安全三角区提供庇护。以桌子为例，如果塌落物与桌子形成安全三角区，那么桌旁与桌下的空间都是安全三角区的一部分。但桌旁和桌下形成安全三角区是有条件的，即支撑物必须是坚固的，如果桌子被砸塌，那以桌作为支撑物的安全三角区也就不存在了，同时桌下和桌旁的安全空间也就不存在了。如果真有大块物体砸垮桌子，不光躲在下面的人不能幸免，就连躲在旁边的人恐怕也要遇难。因此，躲在桌旁比躲在桌下安全的说法不能成立。相反，躲在桌下比躲在桌旁更能防止较轻或小块坠落物的伤害。

另外地震发生的概率很小，即使在地震多发区，人的一生遇到地震的次数也是很有限的。从直下型地震与受周边地震波及的可能性、大地震到小地震的数量比例关系等因素考虑，在人所遇到的有限次数的地震中，发生一般性破坏地震的概率远大于毁灭性地震的概率。因此在多数情况下，在防止小坠落物伤害方面，桌下比桌旁要安全得多。

还有，一般性的工业和民用建筑做到"小震不坏，中震可修，大震不倒"，是我国抗震设防的目标。随着国家减灾战略的实施和经济实力的提高，我国越来越接近这个目标。如果我国各地都能达到这个目标，如果发生毁灭性的地震，即使房屋破坏很严重也不会不倒塌。这样就会大大减轻房倒屋塌对人的生命造成的威胁，这时候防止小块坠落物对人造成的伤害就成为关键。很显然，此时躲在桌下要比躲在桌旁安全很多。

因此当地震发生时，桌下和桌旁都可以躲，但多数情况下，桌下可能更安全些。

地震发生时还应当保持清醒的头脑，沉着冷静，以便迅速避险。从大地震的相关资料看，有些人之所以能够在被埋没的瓦砾中生存下来，主要是因为：首先，他们没有受到致命的伤害；其次，他们总是试着寻找通气口，然后找到出口，最终能迅速脱离倒塌的房屋废墟。此外，在没有听到寻呼声及挖掘声时，不无谓地翻滚折腾或大呼大叫。

在地震中，保持冷静是关键。有人观察到，不少人并不是因房屋倒塌而被挤压或被砸伤致死，而是由于精神崩溃，乱喊乱叫，失去生存的希望，在极度恐惧中"扼杀"了自己。乱喊乱叫会增加氧的消耗，加速新陈代谢，耐受力降低，使体力下降。同时大喊大叫，必定会吸入大量烟尘，容易造成窒息，增加不必要的伤亡。在恶劣的环境中，正确的态度是始终保持镇静，分析自己所处的环境，寻找出路，等待救援。

地震发生后，余震还会不断发生，周围的环境有可能会进一步恶化，因此要稳定下来，尽量改善自己所处的环境，设法脱险。设法避开身体上方不结实的悬挂物、倒塌物或其他危险物。搬开身边可移动的碎砖瓦等杂物，从而扩大活动空间。不过应该注意的是，如果搬不动，千万不要勉强。设法用木棍、砖石等支撑残垣断壁，以防余震时再次被埋压。不要随便动用室内设施，包括水源、电源等，也不要使用明火。感觉灰尘太大或闻到煤气及有毒异味时，设法用湿衣物捂住口鼻。保持体力，不要乱叫，用敲击声求救。

五、避震的地方和姿势

目前多数专家普遍认为：应急避震最好的办法是震时就近躲避，震后迅速撤离到安全的地方。这是因为地震来临时，预警时间很短，这时候人又往往无法自主行动，再加上门窗变形等，从室内跑出非常困难；如果是在楼里，跑出来几乎是不可能的。

如果是在平房里，并且发现预警现象早，室外比较空旷，则可力争跑出避震。

1. 躲在什么地方避震

室内不易倾倒、结实、能掩护身体的物体下或物体旁，开间小、有支撑的地方；

室外远离建筑物，安全、开阔的地方。

2. 应采取什么姿势

趴下，脸朝下，使身体重心降到最低，不要压住口鼻，以利呼吸；

坐下或蹲下，尽量蜷曲身体；

抓住身边比较牢固的物体，以防摔倒或因身体移位暴露在坚实物体外而受伤。

3. 怎样保护身体重要部位

保护头颈部：低头，用手护住后颈和头部；有可能时，用身边的物品，如被褥、枕头等顶在头上；

保护眼睛：低头、闭眼，以防异物伤害；

保护口、鼻：有可能时，可用湿毛巾捂住口、鼻，以防毒气、灰土。

4. 怎样避免其他伤害

不要随便点明火，因为空气中有可能充溢着易燃易爆气体；

要避开人流，无论在什么场合，商店、学校、公寓、街上、娱乐场所等都不要乱挤乱拥。因为拥挤中不但不能脱离险境，反而可能因跌倒、碰撞、踩踏等而受伤。

气候变化和龙卷风的关系之谜

气候在不断地变化已经不再是一个新鲜的话题。那么气候的变化是否会对龙卷风发生的频率产生影响？

有科学家认为，由于大气中的二氧化碳和其他一些能够吸收热量的气体越来越多而形成的"温室效应"加剧，会造成全球气候变暖。然后更高的温度会加速蒸发，给空气中带来更多的水分。由于驱动超级单体风暴的能量来自于因强对流上升的空气中的水汽凝结，所以更加湿润的空气可能会使强风暴变得更为频繁，其中有一些将是龙卷风性的，所以龙卷风发生频率将会增加。

另一些科学家则不同意以上论断，认为太过于简单。他们认为龙卷风暴的形成还需要高层大气中有强烈的风切变，而风切变在大多数情况下是急流引起的。极锋两侧极地气团和热带气团之间的巨大温差形成急流，而猛烈的急流可能会导致更多的龙卷风。科学家预测，全球变暖一般出现在高纬度地区。热带和赤道地区温度上升幅度较小，这两地的温差也将减小。因此因温差而形成的急流可能会变弱，由此推断中纬度风暴将显著减少，造成龙卷风发生频率减小。

但是，并没有任何证据证明究竟是哪一种观点正确，科学家还需要做深入的进一步研究。

龙卷风造成的奇怪现象

龙卷风强大的吸卷力，常把海中的鱼类、粮仓里的粮食、地上的金属片等东西吸卷到高空，然后再随暴雨降落到地面，于是就会出现"豆雨"、"鱼雨"、"谷雨"、"血雨"甚至"钱雨"等奇异的事情发生。

1925年3月18日，袭击美国三州的龙卷风经过密西西比河的时候，龙卷风造成的风带分开了这条河流。随后就在伊利诺斯州的河岸下起了一场"鱼雨"。

1980年7月，中国上海市奉贤桥头乡，正在耕作的一位老农被龙卷风吸上空中，却在不久后安全着地。

2000年7月13日午饭后，龙卷风出现时，江苏省高邮市甘垛镇启南村农女王凤珍正在田里除草，突然风雨交加、天昏地暗，来不及躲避，就被一股力量带上高空约30米高，惊吓之中，她紧闭着双眼仍蜷曲成一团，据她自己说，那时她感觉到了云里雾里似的，人没有了重量。不一会，她感到围绕在身边的风势的紧迫感没有了，而肩头疼痛，这时她已经被吹落在距自家农田300多米以外的水田里。等她赶回家，看到的只是许多人家倒塌的房屋，周围是四邻的哭救声。

2004年7月14日16时左右，江苏省昆山市阳澄湖出现20分钟的水龙卷，直径约30米，龙卷把湖面的杂物卷起向东南移动，形成非常壮观的场面。

2007年9月6日傍晚，江苏省高邮市西部高邮湖湖心出现数十年未见的罕见场景，龙卷风引发高达千米、水天相接的黑色水柱（俗称"龙吸水"），湖面水位顿时明显下降了好几厘米！"龙吸水"持续约10分钟，之后大雨倾盆，天地间混沌一片。有目击者形容：当日风和日丽，湖上也是风平浪静。可到了下午5点30分，没有任何预兆的狂风突至，天空随即乌云密布，几分钟之后下起雨来，这时湖面西北角出现了两条因为大风而形成的水带。1分钟后，两条水带已经合二为一成一条更为"巨大"的黑龙，在湖面上缓慢地"盘旋"，巨大的水柱呈"S"形，接近水面的部分成一朵爆炸状的巨型"蘑菇云"。而水柱就像漏斗一样中间窄上边宽，10分钟后"黑龙"消失，马上暴雨倾盆，天空

△ 龙卷风

灰暗，天地间混沌一片。专家推测，此次龙卷风之所以呈黑色，可能是因为龙卷风搅动并卷起了大量的湖底泥沙。

龙卷风并不完全残忍恐怖，在美国就曾发生过奇迹。2007年10月18日晚至19日早晨，美国中西部的几个州突遭暴风雨和龙卷风袭击，房倒屋塌，大树被连根拔起，造成至少6人死亡。在密歇根州米灵顿镇，龙卷风在摧毁一座房屋时屋内一名1岁大的婴儿却能幸免于难，在被卷到10多米高的空中以后还能在房屋废墟中安全落地，婴儿除了一些擦伤并无大碍。

几个月后相同奇迹再次出现。2008年2月5日深夜至6日凌晨，美国南方多个州遭受了一场近23年内最为严重的龙卷风袭击，但就在受灾最严重的田纳西州，一名11个月大的男婴被吹到离寓所90米外，竟然毫无明显创伤。他当时穿着T恤、尿布，静静地躺在草长及膝的荒野，被碎片与杂物包围。发现他的救援员开始还以为他是塑料娃娃，被人抱起后用哭声证明自己还活着。

龙卷风不只给人类带来巨大的毁灭性灾难，也偶尔会有一些奇妙的事情发生。例如龙卷风席卷一切的同时，有时也会在龙卷风中心范围内的东西丝毫无损，类似台风风眼内的功效。在北美，当龙卷风过后常还可以看到一只完好的拔光了羽毛的活鸡。有时又只拔去一侧的鸡毛，而另一侧却完好无损。这些龙卷风所带来的各种奇异现象，还需要科学家们的进一步研究探索，作出科学的解释。

泥石流的形成之谜

泥石流是一种特殊流体，它是由岩屑、泥土、沙石、石块等松散固体物质和水的混合体在重力作用下沿着坡面或沟床而向下运动。山区堆积的松散的固体物质在降雨的情况下和雨水混合，从而形成泥石流，并且沿着沟床或坡面流动。很多人误以为这是滑坡，实际上泥石流在流体和坡面或沟床之间存在着泥浆滑动面，但不存在山体中的破裂面，这是二者之间最明显的区别。泥石流和滑坡的相同之处在于两者运动的能量都是来源于重力。

泥石流是介于滑坡与流水之间的一种地质作用，典型的泥石流由悬浮着粗大固体碎屑物并富含黏土及沙石的黏稠泥浆组成。泥石流的形成需要适当的地形条件，当山坡中的固体堆积物质被大量的水体浸透，其稳定性就会降低，这些固体堆积物由于饱含水分，在自身的重力作用下就会发生运动，从而形成泥石流。泥石流的爆发总是突然性的，来势凶猛，并且可以携带巨大的石块，并以高速前进，强大的能量会造成极大的破坏性，因此泥石流是一种灾害性的地表过程。

峡谷地区和地震、火山是泥石流的多发区，并且在暴雨期具有群发性。泥石流爆发时常常伴随着其他的自然现象，比如浓烟腾空、山谷雷鸣、地面震动、巨石翻滚等，浑浊的泥石流沿着料峭的山涧峡谷冲出山外，堆积在山口。

泥石流常给人们的生命财产安全带来严重的威胁，这是由泥石流的突发性、凶猛性、迅时性以及冲击范围大，破坏力度强等特点所引起的。

一、影响泥石流形成的因素

影响泥石流形成的因素很多，很复杂。包括地形地貌、气候降雨、土层植被、水文条件、岩性构造等。

　　一般地形陡峭，山坡的坡度大于25°，沟床的坡度不小于14°的流域容易孕育泥石流。巨大的相对高差使得地表物质处于不稳定状态，容易在降雨、地震、冰雪融化等外力触发作用下，发生向下的滑动的现象，形成泥石流。

　　泥石流的形成需要的固体物质，主要由泥石流流域的斜坡或沟床上大量的松散堆积物所提供。固体物质也是泥石流的主要成分之一，其主要来源有：山体表面风化层和破碎层，崩塌、滑坡的堆积物，冰积物，坡积物以及人工工程的废弃物等。

　　水既是泥石流的重要组成部分，也是决定泥石流流动特性的关键因素。我国多数地区受东亚季风的影响，因此最主要水源是夏季的暴雨。另外，冰雪融化和水库溃坝等也是其水源。

　　泥石流活动可分为以下三个过程：形成——输移——堆积。在形成区，在水分的充分浸润饱和下，大量积聚的泥沙、岩屑、石块等沿着斜坡开始形成土、石和水的混合流动。一个活跃的泥石流形成区是会发展变化的，能够从简单的单向，发展成为树枝状多向。在流通区，泥石流则主要集中出现在坡度较平缓的山谷地带，且发展过程中会相对稳定。堆积区一般是在地形较为开阔的地区，这里泥石流流速变慢，于是出现堆积现象，堆积区由于流域内来沙量的增长而不断扩展、逼近。泥石流的下游，则经常会出现掩埋或堵塞河道，使得原来的河道改道或变形。

　　泥石流的形成、发展和堆积也是一次破坏和重新塑造地表的过程。

　　二、影响泥石流强度的因素

　　地形地貌、地质环境和水文气象条件三个方面的因素影响着泥石流活动的强度。比如滑坡、崩塌、岩堆群落地区，泥石流固体物质的补给源主要来自于岩石破碎和深程度的风化。沟谷的长度较大、纵向坡度较陡、汇水面积大等因素为泥石流的流通提供了条件；泥石流的水动力条件主要来自于水文气象因素。泥石流的强度还和暴雨的强度有关，通常情况下，短时间、大强度出现暴雨容易形成泥石流。

　　三、泥石流形成的必备条件

　　泥石流是泥、沙、石块与水体组合在一起并沿一定的沟床运（流）动的流动体，其形成具备三个条件：

1. 水体。水体主要源自暴雨、水库溃决、冰雪融化等。

2. 固体碎屑物。固体碎屑物来自于山体崩塌、滑坡、岩石表层剥落、水土流失、古老泥石流的堆积物及由人类经济活动如滥伐山林、开矿筑路等形成的碎屑物。

3. 一定的斜坡地形和沟谷，其地形条件则是自然界经长期地质构造运动形成的高差大、坡度陡的坡谷形。这三者缺一不可。

当以上三个条件具备了，泥石流又是如何形成、暴发的呢？一般有三种形式：

1. 山坡坡面土层在暴雨的浸润击打下，土体失稳，沿斜坡下滑并与水体混合，侵蚀下切而形成悬挂于陡坡上的坡面泥石流。北京山区农民常称之为"水鼓"、"龙扒掌"。

2. 地表水在沟谷的中上段侵润冲蚀沟床物质，随冲蚀强度加大，沟内某些薄弱段块石等固体物松动、失稳，被猛烈掀揭、铲刮，并与水流搅拌而形成泥石流。

3. 泥石流的形成是由于沟源崩、滑坡土体触发沟床物质的活动。沟源崩、滑体发生溃决，强烈冲击并带动沟床固体碎屑物的活动而形成泥石流。

在泥石流发生的三个条件中，水是最重要的因素。当大量的降雨来临的时候，山坡坡面土层受到浸润击打，土体不稳、沿斜坡下滑并与水体混合、侵蚀下切而形成悬挂于陡坡上的坡面泥石流。当大量的地表水在沟谷中流动时，沟谷的中上段受到浸润、沟床物质被冲蚀，随着冲蚀强度的加大，沟内薄弱段的石块等固体物松动、失稳，被猛烈掀揭、铲刮，并与水流搅拌混合而形成泥石流。最常发生地则是上面两种情况的组合，山坡上面滑落，沟谷下面冲蚀，就是泥石流的产生过程。从泥石流产生过程来看，连续的暴雨是造成泥石流的自然原因，而乱砍滥伐森林造成山体表面水土流失严重，则是造成泥石流灾难的人为原因了。

海啸之谜

地球是一个水的星球，水占地球总面积的71%，这71%的水来自于海洋，富饶的海洋是生命起源的摇篮，也是人类生存环境的重要组成部分。正是有了海洋才有了蓝色的地球，才有了人类绿色的家园和生命的环境。

自古以来，湛蓝色的海洋就为人类储备和提供了丰富的资源，被誉为"蓝色的宝库"。海水化学资源、海洋矿产资源、海洋能源、海洋生物资源以及海上航运交通都对人类的生存发展以及世界文明的振兴进步产生重大的影响。

一直以来，人类对海洋的开发利用就非常投入，随着科学技术的不断发展以及陆地资源的不断匮乏，开发利用海洋资源正逐渐成为今后世界新的潮流。近年来，人类对海洋的认识程度快速提高，开发利用海洋资源取得的成就也是以往任何时期都是无法比拟的。海洋丰富的资源以及巨大的经济效益引起了人类越来越多的关注。实践证明，海洋是人类生活和生产不可缺少的领域海洋，是人类社会持续发展的希望，21世纪是人类的海洋世纪。

任何事物都存在对立的一面，海洋也一样。在给人类带来好处的同时海洋灾害也给人类造成了巨大的灾难。海洋的狂风巨浪，转眼间就会摧毁城镇和村庄，吞噬无数生灵。台风、海啸掀起的海上大浪能摧毁坚固的海上工程和过往的无数船只，淹没万顷良田，让人们无家可归。海洋环境的改变，引起海水质量下降，海洋资源衰退，海洋生物减少甚至灭绝。海洋污染影响海洋生物的多样性，大量的污染物进入海洋，造成了海洋贝类、蟹等海洋生物的死亡。

赤潮产生的贝毒危及人类健康，人们永远忘不了2004年12月26日这一天，印度洋大海啸给南亚诸国造成巨大的经济损失和人员伤亡。遇难及失踪人员超过29万，财产损失更是不计其数。这次海啸虽然不是历史上规模最大的海啸，但是它是有史以来有记录的地震海啸所造成的最惨重的损失。

印度洋海啸之所以造成如此严重的后果，是由多方面的原因造成的。其中一个重要方面就是人们对海啸缺乏必要的认识。

那么，什么是海啸，它又是如何形成的呢?

海啸是一种具有强大破坏力的、灾难性的海浪。通常情况下，是由震源在海底下50千米以内、里氏震级6.5以上的海底地震引起的。火山爆发、水下或者沿岸山崩也可能会引起海啸。另外，还有人工海啸，它是海底进行的核爆炸引起的，并且逐渐发展成为研究海啸的一种有效手段。

在一次震动过后，震荡波就像卵石掉进浅池里产生的水波一样，在海面上以不断扩大的圆圈，传播到很远的地方。海啸波长比海洋的最大深度都大，轨道运动在海底附近也不会受到很大的阻滞，无论海洋深度如何，波一样可以传播过去。

海啸在外海时，由于水比较深，波浪起伏不大，很难引起人们的注意。当它到达岸边的浅水区时，巨大的能量使波浪骤然升高，形成"水墙"。"水墙"能量极大，高达十几米甚至数十米，冲上陆地后所向披靡，越过田野，迅猛地袭击岸边的村庄和城市，瞬间人们都消失在巨浪中。被震塌的建筑物，港口所有设施，在狂涛的洗劫下，被席卷一空。巨浪过后，海滩上一片狼藉，惨不忍睹，到处是人畜尸体和残木破板。地震海啸给人类带来的灾难是非常巨大的。目前，人类对海啸、地震、火山等突如其来的灾变，只能通过观察、预测来预防或减少它们所造成的损失，但还不能控制它们的发生。

海啸同风产生的潮或浪是不同的。到底有哪些具体差异呢，让我们来看一下。微风吹过海洋，泛起的波浪相对较短，相应产生的水流仅限于浅层水体。在辽阔的海洋，剧烈的风能卷起高度30m以上的海浪，但不能撼动深处的水。而潮汐每天席卷全球海域两次，虽然它产生的海流跟海啸一样能深入海洋底部，但是潮汐是由太阳或月亮的引力引起，具有规律性，危害比较小。海啸波浪在深海的传播速度非常快，能够超过700km/h，可轻松与波音

747飞机保持同步。但在深水中海啸并不危险，在开阔的海洋中，低于几米的一次单个波浪其长度可超过750km，这种作用产生的海表倾斜如此之细微，以致这种波浪通常在深水中不经意间就过去了。通常情况下，海啸是静悄悄的，不知不觉地通过海洋地，但是如果在浅水中，它就会产生灾难性的巨浪。

海啸发生的形式有两种：

一、岛屿、滨海或海湾的海水反常退潮或河流没水，而后海水突然席卷而来、冲向陆地；

二、海水陡涨，突然形成几十米高的水墙，伴随隆隆巨响涌向滨海陆地，而后海水又骤然退去。

海啸是一种系列波浪，一般情况下，波长为几十至几百公里，周期为2至200分钟左右，常见者大多数为2至40分钟。在海啸开始形成时它的波高并不大，仅在1至2m左右。在其传播过程中会一直保持这一高度，但是在快到达海湾或者岸边的浅水区时，波高会突然增加数倍或者数十倍，携带巨大的能量和强烈的破坏力，形成一种破坏性极强的巨浪。

历史上最大海啸的波幅曾达高达51.8m，1964年发生在美国阿拉斯加的瓦耳迪兹港。海洋激浪与海啸相似，但高度更大：1958年7月9日，阿拉斯加的利鲁雅湾因地震引起的岸边滑坡冲入海底，造成的激浪高达525m，有两艘小艇被激浪抛到海岸附近一座海拔500m的山顶上。

引起海啸的原因包括地震、火山爆发、海底（或岸坡）塌陷和滑坡、气象因素、核爆炸、天体坠落等。

一、地震

如果地震发生在海底，震波的动力会引起海水剧烈的起伏，形成强大的波浪，淹没沿海地带。

地震波的传播速度比海啸的传播速度快是海啸预警的物理基础。振动方向与传播方向一致的波称为地震纵波（P波），地震纵波的传播速度很快，每秒钟传播5～6千米，海啸的传播速度比地震纵波慢20～30倍，因此在远处，地震波要比海啸波早到数十分钟，有的甚至早到数十小时，具体数值取决于阵中距以及地震波与海啸的传播速度。举个例子，当震中距为1000km时，地震波会在2.5min左右到达，而海啸要在1h左右才能到达。1960年，智利发生特大地震，地震激发的特大海啸22h后才到达日本海岸。

二、火山爆发

火山爆发有时也会引起海啸，特别是海底火山。众所周知，火山爆发是热熔岩穿过地壳，上升到地球表面的运动。我们之所以用"爆发"，是因为它非常骇人。看一下相关记载，你就知道它有多厉害了。公元前15世纪，桑托林火山发生猛烈喷发。并且引发了海啸，巨浪高达90多米，整个岛屿几乎被抛向空中，然后坠入海底。巨大的海啸摧毁了锡拉岛上的米若斯文化。

三、海底（或海岸）塌陷或滑坡

人们总是对浩瀚的海洋充满疑问，海洋里到底是什么样的呢？其实海洋底下和陆地差不多，有山脉、高原。他们中有大块体积处于斜坡处，如果收到海底气体喷发而发生塌陷、滑坡，也会引发海啸。

1958年7月9日，阿拉斯加里鲁雅湾岸边发生大滑坡，激起海浪525米高，把两条小艇推到海波500米以上的山顶。近年来发现，大洋中的火山岛由火山熔岩堆积而成，稳定性比较差，容易塌陷。例如，西太平洋的马克萨斯群岛、印度洋中的留尼汪岛、北大西洋的埃尔塞罗－德尔耶罗群岛、南大西洋的特里斯坦－达库尼亚群岛等。

四、气象因素

风暴潮也称为风暴海啸或者气象海啸，它是在强烈大气扰动下引起的海平面异常增高的现象。在我国历史上，常常记载"海侵、海溢"等，20世纪80年代，我国决定把风暴引起的海面异常命名为"风暴潮"。

五、核爆炸

地下海洋核爆炸，也会引起海啸。1954年，美国在比基尼岛进行核试验，激起60米的巨浪，引发海啸。

六、天体坠落

如果陨石、彗星掉入大洋中，冲击能量也会激起海啸，然而这种可能性非常小。据估算，5000年左右会发生一次。如果在陨石直径1千米，大洋水深5千米的情况下，陨石落入海洋会引起波高100多米的海啸。

地震海啸是指由地震引发的海啸。世界上绝大多数海啸，都是由地震引发的。地震引起海底隆起和下陷导致海啸发生。海底突然变形，使从海底到海面的海水整体发生大的涌动，从而形成海啸袭击沿岸地区。

受低气压和台风的影响，海面会掀起高达几米的巨浪，但浪幅有限，由数米到数百米，因此冲击岸边的海水量也有限。而海啸就不一样了，海啸在遥远的海面虽然只有数厘米至数米高，但是由于海面隆起的范围比较大，海啸的宽幅有时可达数百千米，巨大的"水块"会产生极大的破坏力，严重威胁岸上的建筑物，甚至吞噬岸上的生命。调查结果表明，如果海啸高度在2米左右，木制房屋会在瞬间遭到破坏；如果海啸高度达到20米以上，水泥钢筋建筑物也招架不住。

海啸的一个重要特征就是速度非常快，地震发生的地方海水越深，海啸的速度就越快。

这是因为海水越深，因海底变动涌动大风水量就越多，因而形成海啸之后，在海面上移动的速度就越大。举个例子，如果发生地震的地方，水深为5000米，海啸的速度每小时可达800千米。当移动到水深为10米的地方时，海啸的速度降为每小时40千米。由于前面的波浪减速，后面的波浪推过来发生重叠，因此到岸边时，海啸的波浪升高。如果沿岸海底地形呈"V"字形，那么海啸掀起的海浪更高。

海啸在遥远的海面移动时人们很难察觉到，当它以迅猛的速度接近陆地，达到岸边时，会突然形成巨大的水墙。这时候虽然发现了它，但是要想逃跑已经太晚了。因此一旦有地震发生，要马上离开海岸，到高处安全的地方去。

2004年，印度尼西亚发生了历史上有地震记录以来的第二大地震海啸。这次强烈地震，在几秒的时间里，海底突然出现了一个千千米长，百千米宽，十几米深的大裂缝。海水剧烈震荡，产生的能量相当于100万颗1945年投在日本广岛的原子弹的能量！这次海啸是地震造成的。

哪些地方容易发生雪崩

通常情况下，25°～60°的雪坡都存在雪崩的危险，而30°～45°雪坡是最危险的地方，容易发生大雪崩。此外，向阳的雪坡由于易于融雪容易发生雪崩；光滑、无植被或少植被还有岩山表面的山坡也容易发生雪崩。北山坡的雪容易在冬季中期雪崩，南山坡的雪容易在春季或阳光强的时候雪崩。新雪后次日天晴，上午9～10点钟最易发生雪崩。

一般雪崩都是从山顶活山体高处爆发，并以极快的速度形成强大的力量卷冲大量的树木碎石向山下冲去，一直奔腾到开阔的平原将其下冲之势缓冲殆尽才能停止。雪花看似没有重量，但是形成的这种"白色恐怖"却能达数百万吨之重。雪崩所形成的巨大破坏力，不只表现在雪崩的重量上，还在于雪流形成的气浪。这种气浪的冲击甚至比雪流本身的重压更加可怕，它能推倒房屋，折断树木，使人窒息而死。

雪崩的破坏力是非常惊人的，往往给人造成致命的危险，所以在雪地活动的人尤其要注意以下几点：

一、大雪刚过，或连续下几场雪后是最危险的，这是雪崩最易出现的时机。这种时候一定要避免要远离山区，切勿上山。因为在这时，新下的雪或上层的积雪很不牢固，稍有扰动，甚至一声叫喊都足以引发雪崩。

二、天气变化不定，时冷时暖，天气转晴，或天暖开始融雪时，积雪变得松散不稳固，很容易发生雪崩。

三、陡坡上非常危险。因为雪崩一般都是由上而下运动，在20°的斜坡上，都有可能发生雪崩。

四、如必须穿越斜坡地带，千万不要单独行动，更不要堆在一起行动，应该隔开一段可观察到的安全距离，一个接一个地走。

△ 可怕的雪崩

　　五、时刻关注雪崩的先兆，比如冰雪破裂的声音或低沉的轰鸣声，仰望山上见有云状的灰白尘埃这时因为雪球下滚所引起的。

　　六、雪崩的行进路线，可依据峭壁、比较光滑的地带或极少有树的山坡的断层等地形特征辨认出来，所以在上山或在山区活动时，要尽量远离这些地方。

风吹雪危险吗

　　吹雪给我们的生活带来不便，当遇到不熟悉的地形时，对于雪的深浅程度我们难以判断出来，如果有人不小心掉到了雪里面，就不容易逃生，所以它还具有一定的危险性。而且，清除路面上的积雪是一项既慢又费时的工作。

　　1856—1857年的冬天，美国的内布拉斯加州的里查德森县遭遇了严峻的考验。12月初，20头牲畜被一场暴风雪赶进山谷，积雪堆积在一些沟壑中，其深度达到了30英尺，即九米，这些牲畜逃生无望，就滞留在了山里面，它们中的一部分靠着吃树枝等物幸存下来，主人在第二年2月份进山的时候才把它们找到。

　　1873年4月13日，一场持续了好几天的雪暴袭击了内布拉斯加州的霍华德县。当风雪终于停止肆虐之后，遍地厚厚的积雪将许多畜栏、树木，甚至房屋等毁坏掉了。这场灾害带来了巨大的财产损失和人员伤亡。例如，丽兹和伊曼两姐妹和她们的妈妈在暴风雪降临的时候正好待在家里，两个女儿照看着炉火，而感觉不太舒服的妈妈则上床去休息。夹杂着细碎雪花的风越吹越猛，就连屋里都遭到了侵袭，突然一阵特别强烈的狂风吹进来，同时还伴随着旋转的成团的雪，瞬间就将火炉中正在燃烧着的煤炭溅得满屋子都是。看见这种情况发生，丽兹和伊曼急忙采取灭火措施，但是当火被扑灭后，家里的屋顶又被一股劲风掀开了，屋内渐渐被灌入的大雪覆盖起来，为了不被冻僵，姐妹俩和妈妈一同依偎到了床上。在忍受了一夜的恐惧后，天终于现出了一丝光亮，母女三人打算向距家一英里外的邻居呼救。但当她们走到门口时，却发现门道已被雪完全挡住了，所以她们只能寻找别的能与外界取得联系的地方，幸好她们发现只要越过墙顶就可以逃离出屋子。但是真

△ 壮观的风吹雪景像

是祸不单行，当她们逃出来后却发现房屋都已经彻底被大雪覆盖起来了，因此她们无法辨别方向。而这个时候，呼啸着的狂风仍然没有停下来的意思，不能坐以待毙，她们只能跋涉在连绵不断的风雪中。每当夜晚降临时，她们就在雪里挖个洞，然后紧紧地靠在一起，互相取暖。但是不幸的事依然发生了，在星期二的早晨，姐姐丽兹终于坚持不住而走上了通往天国的路，而妹妹伊曼则在接下来的一整天和夜晚顽强地活了下来。到了星期三，肆虐的暴风雪终于不再张牙舞爪，太阳也露出了久违的脸，尽管大雪仍将大地覆盖着，不能辨别方向，但邻居家的房屋仍然出现在了伊曼的眼里，她终于获得了救助，可是妈妈和姐姐却已经永远地消失了，但我们相信坚强而勇敢的女孩一定会好好地活着的。

1979年2月一天，家住在离剑桥市3英里，即4.8千米距离的一个小村庄的伊丽莎白·伍德考克从英格兰剑桥市的一个市场出来，准备步行回家。但走在半路上时，一场暴风雪将她阻隔在那里，营救人员赶来时她已经被困达到八天之久，不过幸运的是她还活着，并且她还听到响了两次的附近教堂星期日做礼拜的钟声。当然，这不幸中的万幸并非所有人都有的运气。

为何会出现水母般的超大雨滴

每当雨过初晴，逗留在青草尖和鲜花上的透明雨滴总能让人感到赏心悦目。不过，如果这些雨滴的个头竟有1/4高尔夫球大小，相信你的视觉美感肯定会有些异样。

这并非耸人听闻，而是美国华盛顿大学科学家的一项最新发现，他们观察记录到一些完全有资格在卡通片里充当科学噱头的巨无霸雨滴。

据美国《每日科学》网站报道说，无论是海边宜人的空气，还是热带雨林冒出的滚滚浓烟，似乎都有助于积雨云层孕育出创纪录的大个头雨点。

科研人员已在间隔4年，相隔数千公里，自然条件截然不同的两个地方搜集到和记录下两次尺寸类似的超大雨滴，它们的个头远比有记录以来的最大雨滴庞大，最大者直径达8毫米，甚至10毫米，相当于一个高尔夫球的1/4。据科学家们研究，雨滴的破碎直径为6毫米，即大于6毫米的雨滴必然会破碎，那么这种直径达8毫米，甚至10毫米的雨滴是怎么来的呢？

华盛顿大学的云层与浮质（气体中的悬浮微粒，如烟、雾、浮尘等）研究小组曾于1995年乘坐飞机实地考察了堆积在燃烧着的巴西热带雨林上空的浓密积雨云层，观察和记录到了直径至少8毫米，甚至10毫米的雨滴。1999年他们又乘坐飞机穿越云层，从飘浮在马歇尔岛上空的积雨云中观察和记录下了几乎同样大小的巨无霸雨滴。

华盛顿大学的大气科学教授彼得·霍布斯在文章中介绍说，超大雨滴在落向地面时，形状并不像人类流下的泪滴，上尖下圆，反而更像是水状降落伞或者水母。在一滴雨点中，水主要集中在雨滴的边缘，雨滴的上部是一层很薄的水膜。

令科学家感到困惑的是，在清洁的海洋大气条件下形成的云层中通常很难形成大个雨滴，因为清洁的海水中通常没什么可以挥发到空中的颗粒。而含有烟雾的空气通常会产生典型的细小雨滴，因为细小的烟尘粒子会随着地面上的水分浓缩蒸发到空中，使云层中的水分含有这些烟尘粒子。从这点来看，为何马歇尔岛海域以及巴西燃烧着的热带雨林

△ 超大雨滴

烟雾会导致超大雨滴的形成，目前还说不清楚。

其中一种解释是，马歇尔岛拥有清洁的海洋大气，巴西热带雨林则有燃烧形成的滚滚浓烟，这两个看似截然不同的地方之所以可以采集到尺寸相同的巨无霸雨滴，原因就在于它们都具备生成大个雨滴的条件——巴西亚马孙流域的热带雨林因为起火产生大量灰烬，形成大量灰尘颗粒；马歇尔岛的大气中则存在海盐粒子，因而能够形成大个雨滴的核心。还有，雨滴在碰撞时除了能够从大个头分解成小不点之外，还能聚零为整，从超级小不点融汇成较大的雨滴。那些格外细小的雨滴会在碰撞过程中，边下降边聚集，从而形成大一些的雨滴，非常像水珠沿着窗玻璃滑下时的情景，这很有可能就是巴西热带雨林为何在着火后形成的浓密云层中会出现巨无霸雨滴的缘故。但这目前还只是个猜测。

神秘的四度空间之谜

你见过有人在你面前突然消失吗？或者是行驶在高速公路上的车辆突然转移到6000千米以外的地方？再或者是正在飞行的战斗机突然消失在云层之中？这一系列令人吃惊的事情，很可能就发生在一个叫做"四度空间"的领域之中……

一、离奇失踪

1965年5月10日，在美国的俄克拉何马州。3个小孩像平常一样在一起玩捉贼的游戏。吉米很快攀爬上了邻居家的围墙，而特姆和肯在下面等着看，他们玩得很疯。肯跃跃欲试，也想爬上围墙，可是突然之间，只听见吉米大叫一声："肯，等一下！"只见吉米纵身一跃，从围墙上跳了下来，可是特姆和肯并没有看到吉米双脚着地，甚至连这个人都不见了！也就是说，在吉米从围墙上跳下来的一瞬间，他已经在人间蒸发了。

特姆和肯慌了神，他们从来没见过这种情况，他们使尽全身力气呼唤着吉米的名字，同时沿着围墙根不断寻找，可是既听不到任何回应，也看不到任何踪影，他们哭着去汇报给大人听。等孩子们的家长赶到的时候，还是一无所获。吉米的妈妈伤心欲绝，她报了警，警方派人全力搜查，但是仍然没有下文。更离奇的是，一个多月后吉米的母亲也失踪了，因为没有人和她在一起，所以没有目击证人。这对母子相继失踪给美国警方带来了很大的压力，虽然后来又侦察了多年，还是找不到一点头绪。吉米究竟去了哪里，为什么"走"之前毫无征兆，"走"之后不留痕迹？吉米"走"得那么突然，吓坏了另外两个同伴，居然还"带走"了他的母亲？如何解释吉米的妈妈也跟着人间蒸发了呢？这一切疑问都成为悬案，至今无人能解。

人居然可能在突然间彻底消失，那么飞机可能从云层中蒸发吗？答案

△ 这是科学家班卓夫的"四度空间放映机"电脑萤幕上，映出的一个人造"四度空间"的三度空间立体画面

居然是肯定的。有一起关于飞机失踪的案子，和吉米的失踪事件非常雷同，那就是1960年美国战斗机在百慕大海域神秘消失。根据现场目击者之一的回忆，当时天气非常晴朗。这样好的天气，使得美国军方决定有所行动。那一天，美军出动了五架战斗机进行军事训练，很多空军基地人员都在地面上欣赏这几架飞机的飞行状况。五架飞机齐齐上天，场面热闹而壮观，很多人都拍掌欢笑。可是突然间，其中的一架钻进了一朵云中，之后再也没有出来，大家都伸长脖子望着同一个方向，但是直到其余四架飞机都顺利返航，仍然不见失踪飞机的踪影。后来控制塔的工作人员声称，事发之后雷达上显示的飞机数量骤然变成四架。美军再次出动大规模搜救部队，从天空到海面，进行了详细的搜寻，都无法寻觅到云层背后的失踪飞机。

　　由于这次飞行训练是半公开性质的，所以目击者大有人在，他们都一口咬定失踪的飞机是钻进了一朵云中，之后再也没有出来。训练之前没有人看出有什么不祥的预兆，事发之时也没有对其他另外四架飞机造成任何影响。

那架失踪的飞机就这样不明不白地消失了，机上的飞行员连尸体都找不到，令人非常震惊。

二、离奇转移

如果说吉米和飞机的失踪是彻底消失，那么下面两个事件则是从一个地方消失，又从另外一个地方出现，其速度之快，距离之远，令人百思不得其解。

早在1934年，美国的一艘满载官兵的驱逐舰从菲拉狄尔菲亚港出发，准备起程远航。但是当驱逐舰还没有完全出港的时候，海面上突然涌起一阵奇怪的波涛，伴随着大风向驱逐舰袭来，船长和舵手们根本来不及闪避，就稀里糊涂地发现驱逐舰已经不在菲拉狄尔菲亚港里面，而身处弗吉尼亚州的诺福克海港了。

从菲拉狄尔菲亚港到诺福克海港，至少有500多千米的距离，一阵奇怪的波涛就能将驱逐舰轻易地变换位置，而且是在短短的时间之内，这实在是有些匪夷所思。船上面所有工作人员并无失踪，一个个目瞪口呆，你看着我，我看着你，完全不明白发生了什么事情，因为这实在是太过于离奇了！

同样，1968年6月1日，在阿根廷的首都布宜诺斯艾利斯郊区的高速公路上，两辆汽车有条不紊地行驶着，车内不时传出阵阵欢声笑语。这是两个关系很好的家庭结伴行驶，前面那辆车坐着哥登夫妇，后面坐着比特耳夫妇。开着开着，哥登夫妇回头一望，发觉比特耳夫妇的汽车不见了！他们以为是对方的车速太慢，被甩出了视野之外，哥登放慢了车速，但是仍然没有看到有任何车辆赶上来！比特耳夫妇和他们的汽车究竟去了哪里？

哥登夫妇分别打电话给沿路的村警请求协助，他们担心比特耳夫妇的汽车中途出了故障，可是大家没有任何发现。他们报了警，警方派出专案小组沿路搜寻，但是仍然一无所获！

就在展开搜救活动的当天晚上，正当哥登夫妇担心得不得了的时候，家里突然接到一个陌生的国际长途电话，并且竟然是比特耳本人的声音！更让人吃惊的是，这个电话来自遥远的墨西哥城！哥登无法相信，比特耳夫妇在短短半天时间内，从布宜诺斯艾利斯"飞"到了墨西哥城，而且是连人带车一起"飞"过去的!

后来比特尔夫妇求助于墨西哥的阿根廷大使馆,辗转回国后,他们说事发的时候,他们的车本来紧跟着哥登夫妇的车,但是前方突然一阵大雾,两人顿时失去知觉,等他们醒过来的时候车子仍然是开着的,奇怪的是沿途不是阿根廷首都郊区的景色,而是车水马龙的闹市区。后来他们才知道,他们身处于墨西哥的首都。这实在是太令人难以置信了!试问一个普通人怎么能够在半日内位移几千千米,而且是连人带车集体转移?难道是汽车驶进了某种神秘的轨道吗?

三、四度空间的秘密

其实,以上所发生的离奇事件大多跟一个名词有关,那就是近年来备受关注的"四度空间"设想。经过科学家们的分析,部分学者提出这样一个假说:在地球和某个神秘的空间之间,可能存在着一条未知的通道,通道的两边都是深不可测而又截然不同的未知世界,而藏在通道的另一边的那个未知世界,就被称为"四度空间"。

"四度空间"是借用了爱因斯坦在他的《广义相对论》和《狭义相对论》中提及的"四维时空"概念。爱因斯坦认为,宇宙是由时间和空间构成的。时间和空间的关系,是在空间的架构上比普通三维空间的长、宽、高三条轴外又多了一条时间轴,而这条时间的轴是一条虚数值的轴。生活中,我们一般面对的只是长、宽、高的三维空间。我们天天生活在地球上,只感觉时间很慢,而感觉不到四维空间的存在,不过一旦有机会登上宇宙飞船上太空,速度开始进入光速计算的系统时,就能感觉到这种四维空间的存在。相对论最重要的一点就是时间是相对的,在具体的地方要用不同的方法去衡量。

很可惜,普通人是没有机会登上宇宙飞船进入太空的,目前为止世界上也只有美国、俄罗斯和中国掌握了载人航天技术。人们用科学常识无法给予令人信服的解答,只能留待科技进一步发展,希望在不远的将来,可以探测到关于"四度空间"的更多秘密。

次声波之谜

1948年初的一天，一艘载有大量货物的荷兰商船正穿越马六甲海峡。由于当时风急浪高，船员们都在紧张地忙碌着。但是突然间，这些体格健壮的船员们一个个倒下，失去控制的商船就像一匹脱缰的野马，随波漂荡。事后，警方在对这起海难事故调查中发现：所有死者既无遭海盗的砍伤，也无中毒迹象。尸体解剖显示，死者心血管全部奇怪地破裂了。后来在有关医学专家的协助下，警方才弄清事故真相：原来是次声波在作祟。

次声波是频率低于20赫兹的声波（又称"低频次声"）。一般来说，人的耳朵所能听到的声音，声波在20～20000赫兹之间；声波频率高于20000赫兹的，称为超声波；低于20赫兹的则叫次声波。通常人体内脏活动时也产生一定的振动，频率在0.01～20赫兹之间；也就是说和次声波频率相近似，但这属于正常的人体生理活动，不过危险也恰恰隐藏在这里。如果外来的次声波频率跟人体脏器振动频率非常接近，内脏会发生"共振"现象，正常的生理活动就受到干扰和破坏。如果程度比较轻微，人会出现头晕、烦躁、耳鸣、恶心等一系列症状；如果情况严重，人的内脏就会遭到致命的伤害。

发生在马六甲海峡的那桩惨案，可以这样解释：荷兰货船在驶近海峡时恰遇海上起了风暴；风暴与海浪摩擦时，产生了危险的次声波。准备搏击风浪的海员们，无论心理、精神和情绪上正处于一种高度紧张和亢奋状态，而次声波的作用更使他们的心脏及其他内脏剧烈抖动、狂跳，以致血管破裂，最后导致突然死亡。

从这起灾难事故中，人们吸取了充分的教训，并采取相应措施，这就是对海洋次声波的预报。有的国家已经建立了预报海洋次声波的专门机构，当在一定的海区内发现可能危及生命的次声波时，他们立刻就会向有关方面发出警报，以减少对航海人员的危害。然而次声波还是防不胜防，它们可能制造海难，也可能制造空难。

1992年11月24日，中国广西桂林上空发生了一起空难，造成141人死亡，这是中国民航史上最惨烈的飞机失事事件。当事件原因经多方解释而未能肯定时，中国声学研究所的一些专家提出，不排除因次声波作用导致飞机坠毁的可能性。专家指出，桂林地区属半丘陵地带，气团依山势走向而上下浮动，会引起气流震动，并产生一种叫"山背波"的次声波。当飞机遇到由这种危害极大的次声波引起的"晴空湍流"时，如同落入一个风旋涡中；在挤压力、冲力等多种强劲外力的作用下，飞机可能失控，最终产生机毁人亡的恶果。除了上述"物理效应"，次声波对飞机驾驶员也产生"生物效应"（类似海洋次声波对船员的影响）。也就是说，此次空难很可能就是自然界的次声波造成的。

上述两个例子，可能是次声波在极端巧合的情况下"肇事"的典型。科学家指出，在我们这个世界，次声波其实是无处不在、无时不在的。在从事一些特定的活动时（如航海、航空）应该提高警惕，防止它们捣乱。至于日常生活中，一方面固然要注意尽可能地趋利避害，但另一方面实在不必对一切次声波的存在都忧心忡忡。

实际上，科学界对次声波的现象早就有所了解。早在19世纪，人们就已记录到了自然界中一些偶发事件（如火山爆发或流星爆炸）所产生的次声波。其中最著名是1883年8月27日，印度尼西亚的喀拉喀托火山突然爆发，它产生的次声波传播了十几万公里，当时用简单微气压计都可以记录到它。在理论方面最早在1890年，英国物理学家瑞利就开始了大气振荡现象的研究。20世纪30年代，前苏联地球物理学家B·B·舒列金发现了由海浪产生的次声波。后来许多科学家还发现：除了火山爆发、海洋风暴等，诸如地震、雷电、台风等自然活动，都能产生次声波。另外，人类生产和社会活动正越来越借助于机械和其他先进技术，人类自己制造的次声波也越来越多。如马达机器运转、飞机飞行、激光发射、火箭升空、核武器实验等，也都能产生次声波。

次声波对人的影响，也曾经借助实验来揭示。还是在20世纪中叶，美国一个物理学家罗伯特·伍德，专门为英国伦敦一家新剧院做"音响效果检查"。当剧场开演后，罗伯特·伍德悄悄打开了测试仪器，仪器无声无息地在工作着。不一会儿，剧场内一部分观众便出现了惶惶不安的神情，后来这种情绪逐渐蔓延至整个剧场；当他关闭仪器后，观众的神情又慢慢恢复正常。这就是著名的"次声波反应试验"。

次声波传播可以达到很远的地方。据记载，1883年印尼喀拉喀托火山爆发产生的次声波，绕地球3圈之多，而且历时1个多小时。冷战时期苏联曾在北极圈进行了一次1500万吨当量的核爆炸试验，产生的次声波绕地球转了5圈。在我们的生活环境周围，有许多小型机械动力设备同样可产生次声波，如鼓风机、引风机、压气机、真空泵、柴油机等。虽然这些机械动力设备产生的次声波能量不大，但一旦它与周围的设备、环境等产生共振时，其能量就会变得十分强大，而且传播较远，并产生较强的穿透能力。实验数据表明：只有当次声波穿过厚厚的墙壁时，其强度才明显减弱；而若在大气中传播，其强度在千里之外衰减也不到百分之五。这些次声波都是一种环境污染，对人体健康有不良影响。

次声波传播远、波长不易衰减、穿透力强、难以被人察觉这些特点，较早引起军事专家的高度注意。一些武器专家利用次声波的性质，进行"次声波武器"的研制。所谓次声波武器，其实就是一种能发射20赫以下低频声波的大功率装置。它发射的次声波能以每小时1200km的速度在空中传播，在水中能以每小时6000km的速度传播，可穿透1.5m厚的混凝土。它虽然难闻其声，却能与人体生理系统产生共振而使人丧失正常的功能。目前研制的次声波武器分"神经型"和"内脏器官型"两种，也即"次声波发生器"和"次声波炸弹"。前者的振荡频率同人类大脑的阿尔法节律（8～12赫兹）极为相近，当两者产生共振时强烈影响大脑活动。后者振荡频率与人体内脏器官的固有振荡频率（4～18赫兹）相似，能使人的内脏发生极强的共振，导致内脏出现一系列生理上的不适。两种武器都是利用频率低于16赫兹的次声波与人体发生共振，使共振的器官发生形变和位移，从而达到摧毁敌方战斗力的目的。这种武器与常规的杀伤性武器相比，其优越性是不必一定使敌致死，同时还不破坏敌方的武器和装备，以便为我所用。

次声波在军事上应用的另一例，是第二次世界大战著名的潜艇战中。德国潜艇部队司令邓尼茨实行"海狼"计划，派出大批潜艇实施水下攻击，使美、英等同盟国运输船只

△ 安装在"悍马"军车上的美军次声波武器

损失大半。潜艇崭露头角，使人们对怎样探测到这种水下战舰产生了兴趣。几经周折之后，人们才发现对付潜艇的最好方法，是使用由法国物理学家朗之万发明的"声呐"。因为在海水中能见度极低，现代最有效的光学仪器也仅能测到几十米远的地方。海水中也不可能用雷达来探测具有金属外壳的潜艇，因为电磁波在海水中的衰减太大。然而，海水对声波的吸收远比它对光波和电磁波吸收小。如果10千赫的超声波在海水中传播，每经过1千米它的强度只衰减2/10，而0.05千赫的次声波，每传播1千米它的强度衰减度更小。因此声波，特别是低频次声波，被视为一种较好的水下信号传递载体。

科学研究还寻求利用次声波预报自然灾害。科学家发现，一些自然灾害来临前夕，实际上与之相伴的次声波早就把信息"发布"出去了。例如在酝酿着暴风的海面上，会发出次声波震荡。这种震荡是在空气流受到浪峰的拍击时产生的，它们在空气中以高达330米/秒的速度传播，而在水中的传播速度则更快，达到1650米/秒。人类捕捉到这些信息，就能及时、准确地预报海洋风暴；其他诸如地震、火山爆发等危害极大的自然灾害，以及台风、龙卷风、雷电等灾害天气，也能按照类似方法预报。

战争促进科技发展是一个不争的事实。正是二战中以及战后核武器的

发展，对"次声学"的发展起到了革命性的推动作用。这主要表现在此声接收、抗干扰方法、定位技术、信号处理和次声传播等方面的研究，有了突破性的发展。众所周知，核爆炸会形成强大的次声源，它产生的次声波在大气中可以传播得非常远。在冷战期间的核军备竞赛中，一些国家纷纷建立"次声观察站"，评估自己的核爆炸试验，也探测别人的核爆炸试验。可以说，任何一次核试验都是"公开的秘密"。比如1964年10月16日，中国成功地试验爆炸了第一颗原子弹，在政府的新闻公报发布之前世界各主要通讯社就抢先发布了新闻。因为设在世界各地的次声监听站，收到了核爆炸所发出的强烈次声波。大型核爆炸产生的次声波有时可以绕地球转上几圈，通过次声监听站的检测，人们不仅可以从容地测出核爆炸的地点和时间，还可以相当准确地测出核爆炸的当量，以及所采用的方式（是地上还是地下核爆炸）。由于火箭升空时高速喷出白炽火焰与大量剧热气体，引起空气和地面的振动，因而产生各种声波，当然也包含次声波，所以导弹的发射也逃不过次声监听站敏感的"耳朵"。

不过总的来看，第二次世界大战以后的50多年，主要是和平与发展的时代。声学理论及方法研究，尤其是次声波的应用研究，大大地越出军事的范围。如上所述，人们更多地注意到它在环境以及气候方面的作用。科学界通过研究自然波源产生的次声波，以及它们的特性和产生机制，更深入地认识这些自然现象的特性和规律。例如人们利用测定极光产生次声波的特性，来研究极光活动的规律等，这一研究已开始被应用于天体学研究。次声监听站除了探测核爆炸及火箭发射，主要也在预测自然灾害性事件。此外，次声波的研究成果还引起了医学界的注意，因为人和其他生物不仅能够对次声产生某种反应，而且他（它）们的某些器官也会发出微弱的次声；因此可以利用测定这些次声波的特性，来了解人体或其他生物相应器官的活动情况。次声波的实际应用已出现了广阔的前景，而且主要是朝着增进人类福利方面。

海底下沉之谜

众所周知，海洋中最深的地方是海沟，它们的深度都在6000米以上。海沟附近发生的地震是十分强烈的。据统计，全球80％的地震都集中在太平洋周围的海沟及其附近的大陆和群岛区。这些地震每年释放出的能量，可与爆炸10万颗原子弹相比。有趣的是海沟附近发生的都是浅源地震，向着大陆方向，震源的深度逐渐变大，最大深度可达700千米左右。把这些地震源排列起来，便构成一个从海沟向大陆一侧倾斜下去的斜面。1932年，荷兰人万宁·曼纳兹利用潜水艇测定海沟的重力，发现海沟地带的重力值特别低。这个结果使他迷惑不解，因为根据地块飘浮的地壳均衡原理，重力过小的地壳块体应当向上浮起，而实际上海沟却是如此幽深。经过一番研究，万宁·曼纳兹认为，可能是海沟地区受到地球内部一股十分强大拉力的作用，所以才有下沉的趋势，从而形成幽深的海沟。

20世纪60年代，人们认识到大洋中脊顶部是新洋壳不断生长的地方，在中脊顶部每年都要长出几厘米宽的新洋底条带（面积约3平方千米）。而地球表面面积却并没有逐年增大，可见每年必定有等量的洋底地壳在别的什么地方被破坏消失了。地球科学家发现，在100～200千米厚的坚硬岩石圈之下是炽热、柔软的软流圈，在那里不可能发生地震。之所以有中、深源地震，正是坚硬岩石圈板块下插进软流圈中的缘故。这些中、深源地震就发生在尚未软化的下插板块之中。海沟地带两侧板块发生相互冲撞，从而激起了全球最频繁、最强烈的地震。也正因为洋底板块沿海沟向下沉潜，才造成了如此深的海沟。通过以上分析，可以看出曼纳兹的理论是有道理的。

那么，是什么力量导致洋底板块俯冲潜入地下的呢？

日本学者上田诚也等人认为，洋底岩石圈密度较大，其下的软流圈密度

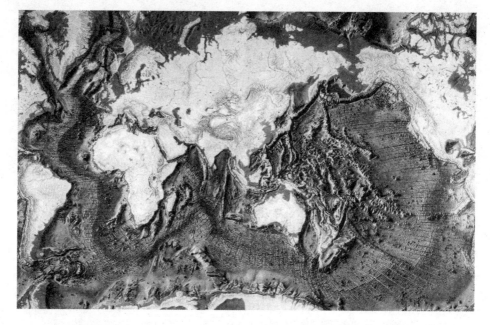

△ 全球洋底地貌图

偏低，所以洋底岩石圈板块易于沉入软流圈中，俯冲增大。这就好比桌布下垂的一角浸在一桶水中，变重了的湿桌布可能把整块桌布拉向水桶。海沟总长度最长的太平洋板块在全球板块中具有最高的运动速度，上田诚也等人据此认为海沟处下插板块的下沉拖拉作用可能是板块运动的重要驱动力。如果确实如此，洋底板块理应遭受扩张应力作用，而近年来的测量发现，洋底板块内部却是挤压应力占优势。这一事实对于重力下沉的说法是个不小的打击。

另有一些学者提出地幔物质对流作用的观点，认为大洋中脊位于地幔上升流区，海沟则处于下降流区，正是汇聚下沉的地幔流把洋底板块拉到地幔中去的。这一看法与上述万宁·曼纳兹的见解是一脉相承的。但是目前我们还缺乏地幔对流的直接证据，也有一些学者强调地幔物质黏度太高，很难发生对流。

对于海底为什么会下潜的问题，科学家们仍在积极地进行研究探索。

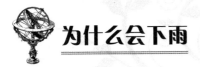

为什么会下雨

我们见过毛毛细雨，也见过倾盆大雨。我们见过一些雨下得时间很短，也见过一些雨连绵不断地下上好几天。有时候天空浓云密布，一会儿大雨滂沱，又一会儿雨过天晴。1998年7月9日晚上至第二天凌晨，我国陕西省商洛地区丹凤县某地下了一场特大暴雨，历时6～7小时，雨量超过1300毫米，相当于我国南方一些地区一年降雨量的总和。那么，天空为什么会下雨？这些雨水是从哪里来的呢？

雨是从空中降落到地面的水滴。飘浮在天空中的水有气态、液态和固态，而且它们会相互转化。气态的水叫做水汽。当富含水汽的空气冷却后，其中的不少水汽就会变成液态或者固态。因为随着气温的下降，空气容纳水汽的能力会急剧下降，例如当一团空气从30℃降至10℃时，其容纳水汽的能力要下降三分之二以上。因此当空气含有比较多的水汽并且受到冷却后，无法被空气容纳的那部分水汽，就会以一些细小的尘粒为核心而发生凝结或凝华，生成小水滴或小冰晶。它们悬浮在空中，便形成了云。这种小水滴或小冰晶会在空中上下运动，相互碰撞。在此过程中，其体积会增大。当上升气流无法顶托它们时，它们就降落至地表。它们若以液态水的形式降至地表，叫做降雨；若以固态水的形式降至地表，则成为雪或冰雹。

根据冷却过程的差异，我们把降雨分成锋面雨、对流雨和地形雨等。

先说锋面雨。当冷暖空气相遇时，它们之间会形成一个与地面有一定倾斜角度的过渡区，人们把它叫做锋面。暖空气因较轻而在上，冷空气因较重而在下。暖空气会沿着锋面向上运动。若暖空气含有较多水汽，则到了一定高度后因为气温降低而使水汽发生凝结，成云致雨，这样形成的雨叫做锋面雨。每年春夏之交，锋面在我国长江中下游一带徘徊，使该地区形成较长时

云滴增长

降水

水汽垂直输送

冷却凝结

地表水

渗入地下

地下水

△ 降雨的形成

间的降雨。此时正值梅子成熟之际，故人们把此时的雨叫做梅雨。宋朝赵师秀的《约客》诗中说："黄梅时节家家雨，青草池塘处处蛙。"这正是梅雨景象的生动写照。每年秋季，在我国广大地区上空，经常有冷空气推动锋面向暖空气一侧运动，暖空气被迫抬升，若此时暖空气比较潮湿，则也会因冷却而发生凝结形成秋雨。由于整个地区锋面过后被冷空气占据，气温下降，故有"一场秋雨一阵寒"的现象。

再说对流雨。通常在夏日的午后，人们常常经历这样的天气：一开始是烈日高照，人们感到十分闷热。后来天空中出现乌云，天空逐渐变暗。当地面被浓厚的黑云笼罩时，突然会有一阵凉风吹来。此风风速较大，有时还能见到飞沙走石的景象。气温急剧下降，有时降温幅度可达到10℃左右。路上行人匆忙赶路；小贩们忙于收摊；家庭主妇则忙于把晾晒的衣服收回。一会儿，倾盆大雨从天而降，有时还伴有电闪雷鸣。此雨一般下得不长，雨停以后，天空放晴，空气清爽。这就是通常所说的对流雨，也称雷阵雨。为什么会形成这种降雨呢？

在夏日的午后，地面强烈受热，近地层气温升高。由于地表的不均一性，一些地方的空气比周围地区温度更高。而温度更高的空气很不稳定，遇到上升气流或地形抬升便会向上运动。由于高空的空气密度比近地层小，于是上升的气块会膨胀，对外界做功，从而使其自身温度降低。若上升气块水汽丰富便会凝结成云，通常形成一种孤立、分散、底部平坦的云。当这种云发展到一定阶段，其厚度加大，常常呈砧状，云内气流上下运动强烈。当下沉气流把高空比较冷的空气带到地表时，便形成了凉爽的大风。紧接着，一场大雨把大地包裹在雨雾之中。这就是夏日常见的午后雷阵雨。

最后，说一说地形雨。在山岭的迎风一侧山坡，我们可以见到另一种的降雨。若气流含有比较多的水汽，则会沿山坡一路上升，逐渐发生冷却凝结，从而成云致雨，这种雨叫做地形雨。印度东北部有一个地方叫做乞拉朋齐，它是世界上降雨最多的地方之一。我国北京的年平均降水量是644毫米，上海为1124毫米，广州为1694毫米，但是，乞拉朋齐的年平均降水量有11000多毫米，比上述几个城市要多得多。若把乞拉朋齐的年降水量平均分摊到一年中的每一天，则每天的降雨量均超过30毫米，而且都是大雨。为什么乞拉朋齐如此多雨呢？

这首先因为乞拉朋齐受到源源不断的西南气流的影响。这西南气流来自广阔的印度洋，携带有大量的水汽。其次，乞拉朋齐位于西南气流的迎风山坡，气流在运动过程中受阻于山坡，于是沿山坡抬升，气温降低，大量的水汽发生凝结，形成丰富的降雨。

以上说了形形色色的雨和多雨地区，那么世界上什么地方降雨特别稀少呢？在南美洲智利的阿塔卡马沙漠，几年不下一场雨，是一个降水特别稀少的地区。这是因为这个地区受副热带高气压带的控制，气流下沉，风向与海岸平行，故空气中水汽含量少。加上强大的秘鲁寒流使近地层大气温度降低，使大气层十分稳定，不易形成对流，故降水十分稀少。

我国降水最多的地方是台湾省的火烧寮。据1906年至1944年的统计，年平均降水量达到6557.8毫米，其中1942年达到8408毫米。我国西北地区的塔里木盆地和柴达木盆地降水稀少，年平均降水量不足50毫米。位于塔里木盆地的且末，年平均降水量仅为18.6毫米；另一个地方若羌，只有15.6毫米。

冰雹面面观

有时候，空中会降下一阵阵的冰粒。常见的冰粒有黄豆或蚕豆大小，有的有鸡蛋般大小，这些大大小小的冰粒就是冰雹。从高空降落下的冰雹，对地面有很强的冲击力；落在屋顶上，会产生较大的声响。冰雹会损坏庄稼，伤害人畜，因此冰雹是一种灾害性的天气。

1961年4月7日，一艘船停靠在卡塔尔某港口。下午，忽然乌云遮日，狂风大作，一场冰雹从天空中降下。冰雹下得很密，看出去只见茫茫一片。下得最密时，能见度不足100米。据当时目击者称，有的冰雹颗粒很大，直径足足有5英寸（12.7厘米）。冰雹落在海上，溅起一团团白色的水花。冰雹过后，船员们走出船舱，发现罗盘罩受冰雹打击后，留下了2厘米深的凹痕。

还有报道，在一次冰雹中有人见到一块体积很大的雹块。据测量，其体积为29x16×2英寸，即长74厘米，宽41厘米，厚5厘米。据说，还有人见到一块重量约为80磅的巨大雹块，折合为36公斤重。

降落到地上的冰雹有多种形态。有球形或卵形的，也有金字塔形的，还有板形和不规则形的。有些雹块还结晶得很好，像是金刚石的晶面。人们还发现，不少雹块具有分层结构，最里面的是坚硬而透明的冰核，其外包着白色的冰层，再向外则又是一层透明的硬冰层。这样透明和不透明的冰层交替出现，共有5层之多。还有人发现，一些雹块内有黑色的金属小颗粒。更有稀奇者，有人发现一雹块内竟然还包着一个金花龟。

冰雹会严重毁坏庄稼。在一些山区，一场冰雹后，田里的庄稼会被全部砸死。农妇们望着满地冰粒和被冰雹砸得东倒西歪的庄稼，或伤心流泪，或号啕大哭。有报道，在非洲南部的博茨瓦纳曾经下了一场大冰雹，砸死了19个人。冰雹过后，地下铺满了一层厚厚的冰粒，人们把死者从冰粒下挖出来掩埋。1988年7月中旬，山西省原平县遭受了3次特大冰雹的袭击，有1万多亩庄稼被毁，2人在冰雹中丧生。当年7月13日，静乐县康家会镇刘西村突降冰雹，1小时后地面冰雹覆盖厚度竟然达到30厘米，1100亩

△ 大冰雹

农作物被毁，打死打伤羊500余只。

冰雹对人类造成了巨大的损失。那么，这从天而降的冰雹是如何形成的呢？

在温暖季节，地面局部受热后会形成强烈的空气上升运动。地面空气上升后，体积会膨胀，空气因内能被消耗而降温。随着气温下降，空气容纳水汽的能力急剧下降，于是，大量的水汽就变成了小水滴或小冰晶，形成了浓厚的积雨云。小冰晶会随气流而发生多次上下运动，因为小冰晶受重力作用向下运动，受上升气流顶托作用而向上运动。在此过程中，许多水汽又以小冰晶为核心发生凝华，即水直接从气态变成了固态；或一些水汽先凝结成小水滴，再发生液态水向固态水的变化。这样，冰晶的体积由小变大。当冰晶体积达到了一定程度后，上升气流就无法托住冰晶，于是这些冰晶就降落到地上而成为冰雹。在山区，地面崎岖不平，易发生局部地区受热而多对流性天气，故山区多冰雹。

面对冰雹的袭击，人们可以采取什么预防措施呢？

在目前科学技术水平条件下，人们首先要提高天气预报的准确水平，以便在冰雹降落之前做好准备，尤其要防止人畜伤亡。另外，一些地区根据天气预报，尝试向浓厚的积雨云发射"土火箭"，使其能在一定程度上破坏积雨云的结构，从而减轻冰雹袭击的强度。

有的地方指南针为什么会失灵

　　俄罗斯有一个叫做库尔斯克的地方，当人们经过这里时，会发现有指南针失灵的奇怪现象。过了这个地方，指南针则又恢复了正常。这一现象引起了科学家的注意。在十月革命胜利后，列宁派出了一支地质工作队，到库尔斯克地区进行勘察。结果在地下100多米的深处，发现了那里蕴藏着非常丰富的磁铁矿。现在，库尔斯克铁矿已经成为世界知名的特大型矿藏。为什么指南针在这个地区失灵呢？原来是地底下的磁铁矿规模太大，它尽管被深埋，但对指南针还是有明显的作用，使指南针不能准确感受地球磁场的作用，从而失去了"辨别"南北的能力。

　　由此我们可以知道，有一些矿产资源虽然位于地下深处，但是它们还是会向人们报告它们存在的信息。人们利用这些信息进行勘探，就可能把这些地底下的宝藏发掘出来。例如当人们发现在一些海水表面飘浮着油花，那么便很有可能在此海底找到石油。因为石油会沿着地壳的裂隙泄漏出来，其比重比水小，故会飘浮到水面。又如当人们发现湖水表面不断有气泡不断冒出时，则有可能在湖底找到天然气。有些岩石也可以成为找矿的线索。例如，有一种颜色比较深的岩石叫做金伯利岩，它是金刚石矿的母岩，因此若发现这种金伯利岩，便有可能找到金刚石矿。有些植物也具有指示矿产资源存在的功能。例如，一种叫做海州香薷的植物，能够指示地底下可能埋藏着铜矿的矿脉。在山东，有一种植物叫石竹，人们把它叫做"金草"，因为石竹生长茂盛的地方，地底下常常有黄金。

　　如果我们把视线从局部地点扩大到更大范围的地区，那么我们可以发现，大地便会向我们提供更有价值的找矿信息。我国著名地质学家李四光先生经多年研究，创立了地质力学的理论。该理论的应用范围十分广阔，其中之一便是用来找矿。该理论认为，我国大地存在着隆起带和沉降带相间分布的格局，其中大型隆起带多有金属矿分布，而大型沉降带则分布有石油。根据李四光先生的理论，地质工作者在沉降带中相继发现了大庆、大港、胜利等大油田，为我国经济建

△ 指南针失灵是因为外界磁场的干扰

设作出了巨大贡献，也宣布了一些国外学者所认为的"中国贫油论"的破产。

在矿产资源开发中还有一种有趣的现象，即当某种新的矿产被发现时，一开始人们还误认为它是另一种矿产。相传在明朝末年，人们在湖南省中部一个叫做锡矿山的地方发现了有一种矿石，用它冶炼后得到的金属，其形色与锡相似，当时人们误认为这是锡，故把此处叫做锡矿山，此名称一直沿用至今。其实这里所产的金属不是锡，而是锑。锑具有热缩冷胀的特殊性能，人们利用此性能在铅里加入一定量的锑，这样制成的材料可用作印刷厂里的铅字，它不会因为天气冷热变化而使印出来的字变得模糊不清。锡锑合金外观漂亮，人们用它代替白银作餐具和装饰品。今天，锡矿山因为盛产锑被誉为"世界锑都"，它的锑金属储量占世界的60%，锑品产量占世界的40%。

更令人称奇的是，有一个叫做瑙鲁的太平洋岛国，整个国家有三分之二的土地上覆盖着一层厚厚的磷酸盐，即一种有用的磷矿资源。有人说，瑙鲁人是生活在矿产资源之上的。瑙鲁领土面积不大，只有24平方千米，但每年有大量的鸟类飞到此地，留下大量的鸟粪和鸟蛋，经过漫长岁月的积累，这里便形成了好几米厚的磷酸盐矿。该矿不仅数量大而且质量好，含磷量高达37%。这样，磷酸盐出口成了瑙鲁经济的基础，磷酸盐开采为该国带来了大量的财富。

哪些矿石最美丽

说到美丽的矿石，人们往往会想起萤石。萤石大多呈浅绿色、浅紫色和白色，也有的呈玫瑰红色，是一种色彩美丽的矿石。色泽艳丽、结晶完好的大萤石晶体，是作为观赏石，也可以用作工艺美术雕刻品。萤石在紫外线的照射下会发出美丽的荧光，萤石由此而得名。

萤石的化学分子式是Daf2，是人们获取氟的重要原料，故萤石又称为氟石。世界上大约有一半以上的萤石用于化学工业。用萤石可制取氢氟酸，它对玻璃有腐蚀作用，可以用来在玻璃上刻字印花。有一种含氟的塑料叫做聚四氟乙烯，耐腐蚀性特别强，就是腐蚀性很强的"王水"也不能腐蚀它，故在化学工业中有广泛的用途，这种塑料也因而被称作"塑料王"。在钢铁工业中，萤石可用作冶炼钢铁的熔剂，使炉渣与金属分离，并起脱硫和脱磷作用。此外，萤石还大量用于炼铝工业。在现代工业中，萤石还用作核工业分离铀235的试剂和制冷剂，也用作导弹液体燃料的助燃剂。

我国是世界上生产萤石最多的国家，1992年萤石产量达到189.3万吨。湖南省是我国萤石储量最多的省区，其次为浙江和内蒙古。这三省区萤石储量占全国萤石总储量的77.7%。云南、福建、江西的萤石储量也较多，同时我国也是萤石出口大国，1998年出口萤石132万吨。

至于最美丽的矿石，那就要说到各种宝石了。

宝石通常是指颜色美丽、有光泽、透明度高，硬度大的矿石。宝石美观、耐久、稀少，常见的宝石有钻石、红宝石、蓝宝石、祖母绿、碧玺、水晶、黄玉等。有的宝石十分昂贵。在1988年，一颗重52.59克拉（1克拉等于0.2克）的钻石卖到748万美元，其价格比黄金贵得多。

金刚石无色透明，具有强金刚光泽，硬度非常大，其硬度为石英的1150

倍。金刚石抗酸碱性也很强。金刚石经琢磨后称为钻石，可作为贵重的装饰品。含杂质的金刚石呈黑色，可制作钻头和研磨材料。地壳中天然金刚石十分稀少，熔岩中的碳在很高的温度和很大的压力下，才有可能经过结晶而形成金刚石。博茨瓦纳、俄罗斯、南非、安哥拉、纳米比亚、加拿大、刚果（金）、澳大利亚等国是世界主要金刚石生产国。1977年，我国山东省临沭县岌山公社常林大队发现一颗重达158.786克拉的特大金刚石，为我国迄今发现的最大一颗天然金刚石。

红宝石是红色的刚玉，化学成分是三氧化二铝。纯刚玉透明无色，而含铬的刚玉呈红色，称为红宝石。红宝石硬度也很大，其色彩美丽而透明者为贵重的宝石。世界上红宝石产于缅甸、斯里兰卡、泰国等国家。蓝宝石是蓝色的刚玉，刚玉中含有钛者呈蓝色，称为蓝宝石。澳大利亚、斯里兰卡等国盛产蓝宝石。我国河北建屏、山东蓬莱等地产刚玉。

祖母绿是亮绿透明的绿柱石，化学成分是含铍的铝硅酸盐。祖母绿色彩美丽，硬度大，为一级宝石。哥伦比亚、巴西等国生产的祖母绿比较多，且质量好。我国内蒙古、南岭等地产绿柱石，可作为提炼铍的矿石。

黄玉一般为浅黄色或酒黄色，质硬而化学性质稳定，也是贵重宝石，主要产于巴西、斯里兰卡、中国等国。我国内蒙古大青山出产黄玉。

水晶是无色透明的石英，主要化学成分是二氧化硅。石英硬度较大，小刀无法刻动石英。石英化学性质极其稳定，除氢氟酸外，不溶于任何酸。含锰的水晶呈紫色，叫做紫水晶；含铁、锰的水晶呈淡红至蔷薇色，称为蔷薇水晶（芙蓉石）；含有机质的水晶呈烟黄色或烟褐色，称为烟水晶。水晶主要产于巴西、乌拉圭、苏联、中国等国。我国江苏东海以盛产水晶而闻名。1958年该县房山镇柘塘村农民挖出一块高1.7米，重3.5吨的大水晶，被称为"水晶之王"。

熔点低的金属有何用途

你见过保险丝吗？当家里电器用电量过大时，保险丝就会烧断从而隔绝了电源，保证家庭用电安全。保险丝与人们现代生活息息相关。那么，保险丝是用什么材料做的呢？

一些金属熔点比较低。例如，锡的熔点为232℃，铋的熔点为271℃，铅的熔点为327℃。而它们的合金熔点，大大低于每一种金属的熔点。因此人们常用这些低熔点金属的合金制成保险丝，若其温度达到一定限度后便会自动熔断。

这些低熔点金属除了制作保险丝外，还有许多其他用途。

世界上每年都有大量的锡用来制造镀锡铁皮，作为装食品的罐头材料。因为锡是一种比较安全的材料，锡与食品相接触不会产生对人体有害的物质。锡铝合金是一种常用的焊料，锡的某些化合物还可以用来做颜料。我国锡矿资源丰富，在公元前2000年左右，我国就出现了铜锡合金——青铜。1992年，我国锡精矿产量超过4万吨，锡金属产量接近4万吨，是世界产锡大国之一。我国锡矿资源高度集中，全国85％的锡矿产量来自云南和广西。云南个旧和广西大厂是著名的锡矿产地。我国还是世界上重要的锡精矿及其加工品的出口国，国内的锡大多用作制造合金和焊锡材料。

世界上每年都有大量的铅用来制造蓄电池。铅易塑性变形，适合于做电缆的护套。在医院里做X射线透视的医生，其胸前常有一铅板保护身体，因为铅能有效阻止X射线透过。铅常与锌共生在一起。我国铅锌矿资源丰富，著名的铅锌矿包括云南兰坪金顶铅锌矿、甘肃成县厂坝铅锌矿、青海柴达木锡铁山铅锌矿、广东仁化县凡口铅锌矿、广西南丹县大厂铜坑矿区等。我国在第六个五年计划以前，每年需进口一定量的铅和锌。"六五"期间，铅已能满足需要，锌仍需进口。"七五"期间，两者基本自给。自1990年以后，我国铅和锌开始出口。

铋在航空工业上用作制造飞机的薄质软管及雷达零件材料，在电气工业中用作低熔合金材料。此外，铋还可用来制造轴衬。铋也是制造有色玻璃的一种原料，铋的化合物还用于制药业。我国铋产量大，1991年生产铋

△ 用锡等金属做的保险丝

精矿超过1000吨。我国的铋资源常常与其他一些金属矿伴生，伴生于钨矿床中的铋资源最多。湖南柿竹园多金属矿、江西盘古山钨矿，分别为我国产量第一和第二的铋矿生产基地。我国每年出产的铋约有一半出口国外。

还有一些金属熔点更低，它们在常温下呈液态。最常见的这一类金属是汞，人们常叫它水银。人们利用汞在常温下为液态这个性能，制成温度计、气压计等。此外，汞还有其他不少用途。

因为汞蒸气在电场的激发下会射出紫外线，而紫外线又会使硫化锌发出白光，用此原理，人们把汞蒸气装入四周涂上硫化锌的灯管，通电后便发出了白色的冷光，这就是常见的日光灯发光的原理。

汞的化合物还可制成防腐油漆，用它涂在船底，可防止水中生物附在船外，从而防止船被腐蚀。汞还广泛用于工业的许多领域。在化学工业中，可用汞作催化剂、电极和颜料。汞还是制造电池、蓄电池的常用原料。在医药中，用汞制作升汞、甘汞和一些药膏。在高技术领域，汞可作为钚原子反应堆的冷却剂。

不同状态的汞对人体的毒性不一。由于人体几乎不吸收金属汞，所以不慎吃下金属汞后，汞会随粪便排出。甘汞溶解度小，毒性不大。升汞溶于

△ 中国广西壮族自治区的橙汞矿

水，吃下1～2克就使人毙命。有机汞是脂溶性的，毒性巨大。

我国汞资源丰富。贵州、陕西、四川三省汞的储量占全国76%左右，其中贵州省储量最大。我国汞矿资源完全能够满足国内的需求，还可以有部分出口。

还有一种金属叫做镓，它的熔点只有29.8℃。因此当室温一超过其熔点，它也呈液态。镓的熔点虽低，沸点却很高，为2070℃。因此，我们利用镓来制成测量高温的温度计。镓还有其他许多用处：用镓与其他一些金属熔合，能生成熔点低于20℃的合金，以作为一些特殊用途保险装置的材料。砷化镓是一种性能优良的半导体材料，而磷化镓则是一种半导体发光材料。可见，镓的一些化合物在现代科学技术中大有用处。但是镓在地壳中十分分散，因此提炼镓是一项十分困难而坚巨的工作。

另一种金属叫做铯，它的熔点不到29℃，比镓还低。因此当气温超过它的熔点时，它就呈液态。铯很软，但个性活泼，在空气中会自燃。铯受光照后会放出电子，产生电流。人们利用铯的这个性能制成天文仪器，能根据电流大小而测出星星的亮度。利用铯作为感光材料，还可以制成红外线望远镜。在黑夜中，它可用来进行军事观察。铯在地壳中含量不算少，但大多分布分散，很少单独成矿。有一种矿石叫做铯榴石矿，在世界上不多，但我国还相当丰富，利用铯榴石矿可以提取铯。

性能独特的合金钢之谜

　　普通钢在生产和生活中有很大用处。人们造厂房、造机器、建桥梁、建铁路，均需用大量的普通钢。但是有时候人们希望钢铁具有更大的硬度或韧性，更强的耐高温或耐腐蚀性能，或其他一些特殊的性能，就在钢中融入一些其他元素，如钒、钼、钨、镍、锰、硅等，这样炼成的钢叫做合金钢。下面给大家介绍几种合金钢。

　　用含钒的铁矿石进行冶炼，可以得到一种十分有用的合金钢——钒钢。钒钢具有优越的机械性能，坚韧而有弹性，耐腐蚀性也很强，故钒钢被大量用来制造汽车的轴、弹簧等关键部位零件，制造飞机和火车头也较多用到钒钢。世界上钒储量最多的国家是南非，我国也是钒矿资源十分丰富的国家。新中国成立后的前20多年里，钒矿一直不能满足国内的需要。1978年以后，由于四川攀枝花钒钛磁铁矿投产并生产钒渣，钒短缺的局面才得到改变。我国钒渣生产以攀枝花、承德、马鞍山三大钢铁公司最为重要。

　　钼的熔点很高，达2610℃，而且钼还有其他一些优越的性能。纯钼很硬，但延展性好，易轧制、锻造。因此，世界上大部分的钼被用来生产钼钢。钼钢比普通钢的强度大，韧性好，且耐高温，耐腐蚀，加上钼比钨便宜，因此在军事工业中制造装甲、枪管等往往是用钼钢，不少机器零件的制造也用到钼钢。我们常见的剃须刀的刀片，也可用钼钢制成，它锋利且有韧性。我国钼矿探明储量居世界首位，产量名列前茅。河南是我国钼储量最多的省份，储量约占全国的三分之一。其次为陕西和吉林，两省的钼储量分别超过全国总储量的10%。这三省的钼储量，超过全国总储量的一半。辽宁锦西杨家杖子、陕西金堆城、河南栾川，是全国三大钼生产基地。三矿产量合计几乎占了全国钼精矿的四分之三。我国每年的钼产量中约有一半国内消费，另一半左右供出口。

现在，不锈钢餐具日益受到人们青睐。不锈钢餐具光亮不锈，也不会受碰撞后破碎，它比铝制餐具更漂亮，比陶瓷餐具更不怕碰撞。那么，不锈钢是用什么材料制成的呢？

在炼钢时加入一定量的镍和铬，这样炼成的钢就是不锈钢。因此，镍和铬是两种很有用的金属。我国目前镍产量比较高，一半以上的镍用来冶炼不锈钢。

除了用来冶炼不锈钢之外，镍和铬还有不少其他用处。

在钢中加入镍而制成的镍钢耐压耐冲击，可以制成涡轮叶片、曲轴等。一种称作超级高温合金的镍合金除了含铬、铜、铁外，还含有钨、钛、铝，它具有很好的热稳定性和强度，是制造喷气发动机工作轮叶片的理想材料。有一种镍钢几乎不热胀冷缩，可以用它来制成精密机械部件。一种含镍、铁、铬、锰的合金电阻特别大，可以用来制造变阻器。镍还大量被用来电镀。金属外镀上一层镍后不仅防锈，而且十分美观，深受人们喜爱。在20世纪60年代以前，我国一直缺镍。1963年，我国甘肃建成特大型金川镍矿后，情况才有了明显的改变。现在，金川镍矿已成为世界著名的大镍矿。另外，滇、吉、新、川、鄂等省区也有一些镍矿资源。1992年，我国精炼镍产量超过3万吨，成为世界重要产镍国之一；但随着经济的发展，镍还不能完全满足国内的需要，1992年共进口镍7000多吨。1992年，全国用于冶炼不锈钢的镍占52%，用于电镀的占27%，其余的用于生产合金钢、镍合金等。

铬是一种很硬的金属。有一种矿石叫做铬铁矿石，含有铬和铁。用铬铁矿石来冶炼，可以得到含铬的钢，叫做铬钢。铬钢坚硬而耐腐蚀，可用来制造坦克、装甲车、枪炮筒等，是一种重要的战略资源。铬也可用于电镀。铬铁矿石耐高温，可以用作耐火材料，做炼钢炉的炉衬。我国铬铁矿储量最多的是西藏，占全国总储量的40.6%。另外，内蒙古、新疆和甘肃的铬铁矿储量也分别超过全国总储量的10%。1991年，全国总计生产铬矿石10万吨左右。但同年消费量达50万吨，故大部分铬铁矿石尚需进口。我国铬铁矿石约有90%用于生产铁合金，其余用作制造耐火材料、化工制品和有色金属合金。

你见过车工加工零件吗？零件被固定在车床上，车工一按电钮，零件就高速旋转起来。这时候，车工用车刀切削高速旋转的零件。车刀与零件之间高速摩擦，产生很大的热量。由此我们可以知道，车刀刀头必须在高温

△ 合金钢广泛应用在工业制造业

下保持十分坚硬。我们通常用耐高温的硬质合金做成车刀的刀头。

钨是金属中熔点最高的，熔点为3410℃。钨钢能在高温下还保持非常坚硬，因此把钨加入钢中而制成的钨钢常被用来制造高速切削工具。钨的一些合金也很硬，例如由钨、钴、碳按一定的比例制成的超硬合金，是十分优良的高速切削材料。

钨还有其他不少用处。例如碘化钨可以被用来制造碘钨灯，它光色好而寿命长，颇受人们的欢迎。我国钨矿资源丰富，钨储量居世界首位。湘东南、赣南、粤北等地的南岭一带是全国钨矿最集中的地区，储量占全国一半以上。我国国内年消费钨精矿约2万吨，出口量也有2万吨左右。

在钢中加入铌，可以提高钢的延展性和抗冲击能力；加入0.7％的铌，可使金属在－80℃的情况下仍保持其原来的强度，故有人把铌称作钢的"维生素"。在钢中、加入少量的锆，可以大大增强钢的强度和硬度。含硅量在1％～4.5％的硅钢具有良好的导磁性能，是电器制造中十分重要的材料。

合金钢种类繁多，性能各异，它们在不同的工业生产部门正发挥着越来越重要的作用。

能超过光速吗

汽车跑得快，飞机比汽车快，火箭比飞机更快，但不论怎么快都比不上光的速度快。光的速度是每秒钟30万千米，从月亮上反射来的光，只需要1秒多钟就能到达地球。

30万千米，只是一个近似数，精确的数据为每秒299792.458千米，而且这是在真空中的传播速度。

光速还有一个特别的性质，叫做光速不变。这一点与我们在学校学的经典物理学不同，物理老师教给我们的速度是相对速度。一辆红色卧车和一辆白色卧车同时同向同速在高速公路上行驶，站在公路边的人看到两部车的速度都非常快，并排飞速行驶。而坐在红车里的人看到的白车，却好像静止不动；如果红车忽然加速，红车上的人看到白车在倒退。同一件事，不同的人，看到的速度却不相同。

爱因斯坦的相对论告诉我们，不论光是从静止的灯塔里发出来，还是从高速运动的火箭中发出来，速度都是每秒30万千米。无论你站在地面静止测量，还是在宇宙飞船中测量，光速也是每秒30万千米。光速不受光源运动速度的影响，也不受观测者运动速度的影响。

光速不变的原理不仅是理论，而且被实验所证实，成为相对论的一个主要支柱。相对论还告诉我们：光速是最大的速度，任何物质的运动速度都不能超过光速。

光速是极限，不存在比光速更快的速度。爱因斯坦列出一个公式，说明物体的质量会随着运动的速度而增加。在日常生活中，因为运动的速度太小，质量增加也非常小，这是可以忽略不计的。发射通向火星的探测器，速度可算是快了，达到每秒11千米，100千克质量的物体也只增重0.35毫克。

可是爱因斯坦的公式说，当物体的速度接近光速的时候，物体的质量就会增加到无限大。质量无限大，就是说要多重就有多重。要使质量无限大的物体增大速度，就必须用无限大的力。上哪儿去找这个无限大的力呢？

宇宙中没有一个力是无限大的，也就无法使质量无限大的物体增大速度，怎么还可能超光速呢？绕了一个弯，最后回到了主题：一切物体的运动速度都达不到光速，更不可能超过光速。

如果有一种物体的运动速度超过了光速，相对论就不对了，就有必要加以修正，也可能被推翻。

在日常生活中，人们找不到超光速的现象。那么在茫茫的宇宙深处，在细微的基本粒子中间，会不会有超光速现象呢？

高能粒子运动的速度是非常快的，在加速器中运动速度可以达到每秒20万、25万千米。那么，其中会不会有超光速的粒子呢？

1934年，苏联科学家切伦科夫发现一个现象：光在水中传播，速度要比真空中慢，可是高能粒子在水中的速度就会超过光的速度。这时粒子就会拖着一条发光的尾巴，一条淡蓝色的尾巴。切伦科夫观察到了这种现象，并且被其他科学家证实，由此也产生了用来观测粒子速度的仪器。

这一现象使人们打开了眼界，认为自然界存在着超光速的粒子，就把它叫做"快子"。有的科学家认为，自然界的粒子分为3类：慢子、光子和快子。

慢子的速度超不过光速，光本身就是光子，速度是每秒30万千米，快子的速度超过光速。以光速为界线，存在两个宇宙，一个是"慢宇宙"，一个是"快宇宙"。在慢宇宙中，粒子超不过光速，而在快宇宙中，粒子的运动都是超光速的。

那么，自然界是不是存在着快子，又如何去观测快子呢，就成为一个谜。

谜底暂时还不知道，如果存在快子，就应该与切伦科夫的观测相吻合。

说过微小的基本粒子，再来看遥远的星空。在银河系以外，科学家发现了一种天体，用射电望远镜接收到了它们发出的无线电波，制成相片，看上去有点像恒星。既然类似恒星，那就叫做"类星体"。

△ 光是目前宇宙中最快的物质

对类星体进行观测，科学家发现，类星体存在着超光速现象，先是发现一个叫3C120的类星体在膨胀，膨胀的速度达到光速的4倍。

遥远的天边，竟有如此奇异的现象。更令人惊奇的是，1977年以来的发现证实，类星体3C273内部的两个辐射源，相互分离的速度竟然高达每秒2880000公里，是光速的9.6倍。不仅如此，继此之后，人们还相继发现了几个"超光速"的类星体3345和3279，它们各自的两组成部分的分离速度，分别达到光速的10倍和19倍。简直不可思议！

在迄今为止地球人类的经验里，光速是不能超越的；然而上述发现又是如此的奇特，让人感到困惑不解。近年来，天文学家用分辨率极好的长基线射电干涉仪，又新发现了10个类星体的两子源分离速度均达到光速的7倍或8倍。看来，河外射电源两组成部分分离的超光速膨胀现象，并非罕见的事例。

那么，如何来解释这一违背狭义相对论的物理现象呢？有人认为，这一矛盾仍然要用爱因斯坦学说来阐明：如果两子源以近乎光速的速度向着地球运动，则将产生时间感觉上的差异（错觉）。因为发射较晚的光越过较短的距离，地面观测者看到运动所经历的时间要比两子源实际分离的时间为短。因此从附着于两子源的参照系来看，它们向外的膨胀速度并未超过光速。但若两子源以垂直于视线的方向离开，则不会产生超光速错觉。这就是目前天文界公认的由英国剑桥大学天文学家兰登·贝尔提出来的模式。

为弄明白这个模式，不妨设想一下有一架亚音速飞机从高空向我们头顶上"斜插下来"。在1000米高度上，飞机发动机发出一声特别的响声；当飞机下降到100米高度，又发出同样的一声响声。按照距离，1000米高度发出的响声会比100米高度发出的响声，早几分之一秒传到我们耳朵里。在这种情况下，我们要想仅仅根据这两次响声来计算飞机的速度的话，你会得出飞机在几分之一秒内从1000米下降到100米的结论，这样一来，飞机的速度就大大超过音速了——其实它不过是一架亚音速飞机。

这种类似由于声波传播时间而引起的错觉，在光波和无线电波的频率范围内也同样存在。有人计算过：如果两个射电源的轨道轴与观测者视线之间形成的夹角为12度的话，那么，它们离开的实际速度会比视速度高出10倍。

对河外射电源超光速膨胀现象的解释，除了上述兰登·贝尔模式外，还可以举出"传播条件发生变化论"和"花环模式"等。但是有的专家则认为，狭义相对论不能否定超光速运动的可能存在。如果假定物质可以以一种真实的大于真空中光的速度运动，则可以建立起一种新的理论。

有的科学家认为，河外射电源超光速膨胀现象可能是宇宙中的正常现象，它将激发人们对超光速现象的探讨。这里必须回到前边所提到的关于"快子"的假设理论。

所谓"快子"，是指比光速运动还要快的粒子。最先假定快子存在的，是美国科学家比拉纽克和苏达珊；而直到1967年，美国哥伦比亚大学的杰拉尔德·范伯格才确定了快子在科学中的地位。他认为快子应该存在，只不过它具有负重力的性质，也就是它同我们这个宇宙中的物质不一样，并不是靠万有引力相互吸引，恰恰相反而是相互排斥的。如果把我们的宇宙称作"慢宇宙"的话，那么由快子构成的宇宙，则是"快宇宙"。光速是"慢宇宙"与"快宇宙"的分界线。在"快宇宙"中，会出现许许多多在"慢宇宙"中看起来荒唐滑稽的事情。譬如在"慢宇宙"中，不动的东西能量为零，一旦它获得能量，便会运动得越来越快，能量无限大时，它就以光速运动。但在"快宇宙"中情况恰恰相反，如果快子的能量为零，它就以无限大速度运动，它得到的能量越大，跑得就越慢，当它得到能量为无限大时，快子的速度就降低到光速，光速是快子的最小运动速度。在"慢宇宙"里，一个物体在任何条件下都不可能跑得比光快，而在"快宇宙"里，快子在任何条件下都不能跑得比光慢。

快子是不是真实存在呢？有什么迹象可以证明它的存在呢？科学家们认为，确实有可能存在一个并不违反爱因斯坦狭义相对论的"快宇宙"。而如果快子以超光速在真空中运动，那么必然会在飞过的地方留下一条发光的蓝尾巴，物理学家称它为"切伦科夫辐射"，因为这是由俄国物理学家巴维尔·切伦科夫在1934年报道的，所以就以他的名字来命名。后来在1937年另外2位俄国物理学家伊利亚·弗兰克和伊戈尔·塔姆解释了这种现象，结果这3位科学家分享了1958年的诺贝尔物理学奖。现在，物理学家正在想方设法抓住快子这条发光的蓝尾巴，以此来证明它的存在。当然，人们要揪住这条尾巴也并不容易，因为快子的速度是十分惊人的，比光还要快几百万倍，用"稍纵即逝"这些字眼已经不能形容快子的快速程度了。一般情况下当科学家发现它的蓝尾巴时，快子早已逃之夭夭，无影无踪了。

尽管有的科学家把"快子"描写得栩栩如生，有的科学家却把它视为子虚乌有。看来只有找到了它，人类才能接受它。

陆地上重力异常的"神秘点"之谜

在美国俄勒冈旋涡格兰特狭口外沙甸河一带，有一座特别古旧的木屋。这座木屋盖得歪歪斜斜，那模样就好像是比萨斜塔一样。人们只要在木屋里一走，立刻就会感觉到好像有一股巨大的吸引力把人们往里边拉。如果人们想后退，就会感觉到有一只无形的大手把人们拉向木屋的中心。

另外在这座木屋方圆50米的地方，马儿只要刚一靠近它，立刻惊吓得往回跑。鸟儿也会吓得突然往回飞。

这个奇怪的地方，就好像有一股巨大的旋涡一样，所以人们就管它叫"俄勒冈旋涡"。

那么，"俄勒冈旋涡"到底是怎么回事儿呢？这个地方为什么会产生这种奇怪的现象呢？科学家们为了解开这个谜团，对"俄勒冈旋涡"进行了很长时间的观察和研究。

科学家们首先做了这样一种实验。他们用一根铁链子拴上一个有13千克重的钢球，把它吊在木屋的横梁上。结果他们发现这个钢球根本不能垂直地吊在空中，却倾斜着往"旋涡"的中心晃动。科学家们看到这种情况，就轻轻地推一推这个钢球，只见钢球一下子就被推到了"旋涡"的中心。可是科学家们再想把钢球拉回来，却费了好大的力气。

这就是说，"俄勒冈旋涡"的吸引力的确是存在的。那么，这到底是一种什么样的吸引力呢？它的这种吸引力又是怎样产生出来的呢？科学家们弄不明白了。

美国加利福尼亚州蒙特雷海湾也有跟俄勒冈一样特别奇怪的地方叫做圣克鲁斯市。1946年，美国一位飞行员驾驶着一架飞机做空中飞行。当他飞到圣克鲁斯市上空时，忽然飞行员发现飞机上所有的仪表都失灵了，心里顿时感到一阵紧张："哎呀，不好！飞机出现故障了！"可是他仔细检查，飞机根本就没有什么故障，这是怎么回事儿呢？硬着头皮朝前飞吧。

这个飞行员想到这儿，继续驾驶着飞机朝前飞去。

奇怪的是，当飞行员朝着前方飞行了一段距离以后，忽然惊奇地发现，飞机上的仪表又全都恢复正常了。飞行员惊奇得差一点儿大叫起来："哎，怪事，怪事！"

后来，又有几个飞行员飞行到这里的时候，也发生了同样的事情。

科学家们听到这个消息，赶紧来到了圣克鲁斯市。他们发现，在圣克鲁斯市附近也有一座小木屋，小木屋也是倾斜着好像就要倒塌了似的。人们走进小木屋，身体立刻变得倾斜了，有的人竟然倾斜了45°却不会倒下。

科学家们发现，这座小木屋里的一个角落里斜放着一块木板，形成一个斜坡道。于是，他们把一只球放在斜坡道上，那个球却不会朝着低处降落下去，只是静静地待在高处。有一个科学家看到这种情况，把这个球往下推，只见那个球顺着斜坡道往下滚去，可它还没有滚到最低的地方，竟然掉过头来朝着斜坡道的高处爬了上去，最后在斜坡道的最高处停住了。

科学家们在这座小木屋里，还发现一种奇怪的感觉，那就是头昏脑涨，身体非常不舒服。可是他们只要一离开小木屋，身体又立刻恢复了正常。

这到底是怎么回事呢？

有的科学家解释，这座小木屋会出现这种奇怪的现象，是因为重磁异常，强大的重力转变为磁力。而强大的磁力又会使得重力异常。那么，这个地方为什么会产生这样大的重力呢？科学家们可就说不清楚了。

世界上还有一些地方有类似俄勒冈旋涡的现象。比如，在乌拉圭的温泉疗养区有一个地方叫巴列纳角，也有一块异常的地方。这里有一段斜坡道，人们开着汽车行驶到这里不能停车，只要一停车，就会出现一种特别奇特的力量，推着汽车继续往前走。当汽车往斜坡道上爬行了几米以后，才能停下来。这里还有一段平坦的道路，汽车开到这里想刹车，就会自动滑行到几十米以后才能停住。

美国犹他州有一条斜坡道，叫做"重力之山"。通过这段斜坡道的公路大约有500多米长。人们驾驶着汽车往下走，如果想在半路刹车，汽车竟然会慢慢地往后退，那情景就好像有一股无形的力量在拉着汽车往斜坡道顶上爬去。奇怪的是像什么婴儿车、篮球这样的东西从坡顶上放下去，就能顺利地滑到坡下，从来没有出现过朝着坡顶往上爬的现象。

后来科学家们经过无数次的实验，发现凡是质量越大的东西越容易往上爬行，质量特别轻的东西却不会出现这种奇怪的现象。

现象，人们是弄清楚了，可是为什么会出现这种现象，人们却一直没有弄明白。

在美国加利福尼亚州旧金山的圣塔柯斯小镇西郊，有一块被森林包围着的弹丸之地被称为"神秘地带"。在那里，人体会变高变矮、人能斜立、人在墙上能自由行走、球会自动向上滚、铁链会全方位角度摆动，所有这些奇异的现象使游客们惊愕万分。许多科学家怀疑会有如此"神秘"的地方，纷纷前来考察。结果发现这是"千真万确"的事，然而为什么会出现如此奇特的现象呢？科学家们也对此迷惑不解，茫茫然不知所措。

神秘地带的入口处，有两块长约50厘米，宽约20厘米的青石，这两块石板仅相距40厘米左右。看上去，这两块石板与普通石板并没有什么异样。可一旦人站上去，奇异现象就出现了，其中一块石板能使人显得更高大，而另一块石板却使人显得又矮又胖，仿佛像魔石一样变幻着。有一个高个子和矮胖子游客不相信，他俩同时各站在一块石板上。然后又相互交换了位置，引起游客们捧腹大笑。原来，第一次站立时，高个子越加显得高大，而矮胖子更加低矮肥胖；当他们互换位置时，矮胖子却比高个子更显得魁梧高大了。当时有人怀疑石块有高低，于是拿来了水平仪测量。可结果两块石板同处于一个水平面上，有人拿来了卷尺测量身高，可是站在石板上与站在其他地方的高度竟完全一样，这看上去人体的增高和缩小，究竟是人们的视觉差错呢？还是卷尺与人一样发生相应的伸缩呢？这就是神秘地带的第一个"奇谜"。

从石板到神秘地带的中心地段是一条坡度极大的羊肠小道，奇怪的是小道周围的树木都朝一个方向倾斜，游客行走在小道上，身体倾斜得几乎与小道斜坡平行，行人低头看不见自己的双脚，却能稳步向前行走。经过斜坡，便是神秘地带中心。那里有一间简陋的小屋，四周有污秽木板搭成的围墙。人们一旦进入小屋，身体都会自动向右倾斜，许多游客都想试一试将身体挺直。可到头来，不知不觉地都仍向右倾斜了。究竟是一种什么异乎寻常的引力能使人的身躯倾斜呢？谁也没法说清楚。这是神秘地带的第二个"奇谜"。

小木屋的一侧，有一块向外伸展的木板，人们不论从哪个角度去看，木板是明显倾斜的。当游人把高尔夫球放在木板上，球不向下斜的一方滚落，反而竟向上滚，如果有人用手将球推离木板，球不会垂直而落，而是沿着斜方向掉下来。这是神秘地带的第三个"奇谜"。

在小木屋里，人们可以在没有任何扶持工具的情况下，安然地站在房子的板壁上，甚至可以毫不费力地在板壁上自由自在地行走。这种绝妙的飞檐走壁的"奇谜"，即使训练有素、身怀绝技的杂技演员，也是望尘莫及了。这是神秘地带的第四个"奇谜"。

在相邻的另一间小木屋里，横梁上悬挂着一条铁链，铁链的下端系着一个直径25厘米、厚约5厘米的盘状圆形物体，看上去沉甸甸的、犹如台钟的钟摆。奇怪的是这个"钟摆"向一个方向轻轻一推，甚至微微碰一下，便能摆动起来。可是向反方向推，用上全身力气也很难使它摆动。更有趣的是，这个"钟摆"的摆动十分奇特，每过5～6秒钟，它会自动改变摆动方向；一会儿前后摆动，一会儿左右摇动，一会儿竟画起圆圈来。这样周而复始地摆动，游人见之，无不称奇。这是神秘地带的第五个"奇谜"。

圣塔奇斯"神秘地带"发生的种种奇异现象，都是违反牛顿的重力定律的。地球重力场在这个弹丸之地的突出的异样存在，带给现代科学的不仅仅是困惑，它还为富于探索精神的人们提供了一个新的认识窗口。

"纳米武器" 之谜

纳米技术与信息技术和生物技术一起，被称为21世纪科技发展中的两大热点。科学家们预言，人类正在进入纳米时代，纳米技术将对各行各业产生深远的影响。在新世纪，它将推动信息技术、医学、环境科学、自动化及能源科学的发展，就像抗生素、集成电路和人造聚合物在20世纪发挥了重要作用一样。

纳米系长度单位，亦称纳米，也就是十亿分之一（$10-9$）米，而纳米技术则是用纳米级的结构单元构造各种具有神奇功能的材料，甚至直接用纳米级元件生产出成品。因此，纳米科技的最终目标就是按照人的意志直接摆布原子和分子。由于纳米材料的尺寸介于原子、分子和块材之间，具有奇特的效应和超常特性，其在军事战场上亦显示出极为广泛的应用前景。纳米技术向军事领域的渗透，主要体现在哪些方面呢？

早在20世纪80年代，美国的一家研究机构就在黄蜂背上黏上微芯片和红外发射器以对目标进行追踪监视。之后，其他一些国家则设法在苍蝇肚里装进沙粒大小的窃听器收听情报。1992年，在美国举办的一次军事技术研讨会上，资深科学家奥金斯汀领导的课题组提出了研制微型飞机的构想。此后一些著名科研机构，像佐治亚理工大学、多伦多大学等相继展开了这方面的研究工作。不久，一种展翼为80厘米的微型小飞机便问世了。现在，则已研制出展翼仅几厘米的微型飞机了。

飞机的规模缩小至此，其原有功能的发挥是否也因此而受到限制呢？绝对不会，相反它还新增了多项功能。它无人驾驶，由地面遥控，可实现前后移动，上空停悬，可用微型摄像机或其他传感器搜索信息，并能实时发回获得的情报信息；同时，由于其直径只有几厘米且高速飞行，现有雷达对它一筹莫展；另外，这种微型飞机单机成本控制在1000美元左右，即使被毁损失也不大。

然而即便如此，情报部门和一些军方人士对此仍感到不满足。美国军方希望研制出一种平时装在士兵的背包里，一旦需要便能将它释放出去的简易小型飞机，它必须能够飞越小山查看情况及探测地雷和生化物质。此外，美国军方还希望开发出多种小型或微型作战武器，例如小型巡航导弹、攻击雷达等。

美国五角大楼对这方面的研制工作非常重视，并给予大力支持，计划耗资3500万美元。当然付出终有回报，美国现已研制出新一代"黑寡妇"微型飞机，重量只有7克，上面安装有电脑、摄像机、传感器、GPS定位装置和信息传输的上行及下行通道。现在德国也研制出一种微型直升机，它可以停放在一棵花生上，其长度为24毫米，高8毫米，重量只有400毫克。它的发动机直径只有1～2毫米，转速为每分钟4万次。这些超微型飞机体积小，能耗低，可以几小时甚至几天不停地在敌方空域飞行，能通过机载微传感器将战场信息传输给己方指挥部，因而一旦投入战场，将使敌对双方的较量变得更加扑朔迷离。

同时纳米技术的发展和应用，还使过去安装在大型航天器上的零部件的体积和重量得以大大缩小。所以，一些科技发达国家近几年一直在加紧研制小型卫星、微型卫星和纳米卫星。小型卫星的重量一般在10～500千克，微型卫星则比它低1～2个数量级，即重约0.1～10千克。由于微型卫星的发射机、接收器、电源、计算机系统和分系统都将由小型化、模块化组件构成，其重量已无法再减轻；那么，怎样才能使微型卫星再进一步缩小呢？科学家们认为，只能从根本上变革设计思想了。而星座式结构的设计为纳米卫星的研制和发展提供了有力的理论依据，从而使纳米卫星的重量降至每颗不到100克。而且这种分布式卫星结构体系与集中式体系相比，可避免单个航天器失灵后带来的危害，因而可提高航天器的生存能力和灵活性。微型卫星和纳米卫星的发射都将由微型火箭来承担，一枚微型火箭可机动发射数百颗乃至上千颗这样的卫星。

纳米卫星的研制代价是高昂的，但若研制成功，其回报也将是很丰厚的。它可以用高速、通信链路建立起一个与超级计算机中心相连的太空因特网，在远距离地面站之间提供通信；也可以及时跟踪各国尖端、敏感的武器装

△ 用来侦察的纳米苍蝇

备并直接向战场上的己方战斗部队提供宽带的信息，包括战场图像等。

蜜蜂、蝴蝶、蚂蚁等昆虫在我们的眼里是那样的不起眼，可是它们在未来战场上却可能威力无比。20世纪80年代中期，美国驻某国大使馆有一份机密情报被窃，于是中央情报局利用各种先进仪器进行检测，结果毫无所获。但后来一位特工人员在检查中发现有微弱的异常信号显示，且时隐时现不太稳定，查来查去发现有几只苍蝇在身边飞来飞去，他觉得奇怪，于是抓住它们，发现苍蝇身上有一细针状的微型集成电路，这几只苍蝇果真是披着"昆虫外衣的间谍"。

科研人员不仅用昆虫作间谍，还研制人造昆虫间谍。1994年，剑桥大学的动物学家在模拟昆虫实验中发现，昆虫翅膀向下摆动时，翅膀前沿形成微旋涡，在翼上形成低气压，从而产生较大压力。这一发现引起美国国防部的兴趣，国防部曾两次拨款，限期3年研制出人造昆虫。于是加州大学的工程师们，用微型铰链、齿轮和发动机组成一个蚂蚁状的人造昆虫。如今人造蚂蚁已被用来搜集军事情报，它以背上驮伏的太阳能电池供电，通过身上装设的微型传感器搜寻目标。人造蚂蚁主要用来对付敌方电子战系统，它们可以悄无声息地通过插孔钻进敌人的计算机内部，破坏其电路，使整个系统瘫痪，通信中断。

科学家们还研制出一种在管道里爬行的人造昆虫，其直径为8毫米，全长

是20毫米，躯干直径为5.5毫米，头上有触须，尾部还有极细的导线。加电以后，它像蝇蛆那样爬行，其速度是每秒行进6毫米。它身上有摄像机，可以采集信息。此外，科学家们还研制了甲壳虫、蟋蟀之类的人造昆虫。

除了昆虫间谍以外，美国还研制出一种尘埃间谍。美国加利福尼亚大学伯克利分校的科学家，在西雅图举办的一次移动通信展览会上，展示了他们研制的微型电子机械系统，全长只有5毫米，他们认为不久的将来，有望制造与尘埃差不多大小的微型电脑。电脑专家们也认为，他们已经朝制造微型超高速的分子计算机迈出了一大步。

目前，计算机是以硅芯片为核心制造的，随着芯片不断微型化，这种刻蚀方式变得越来越困难。然而，以晶体结构为基础的计算机，则是以吸收电荷的形式存储信息的，这将使信息的处理更为方便和有效。基于此，惠普公司的计算机设计师菲尔·库埃克斯认为，利用分子技术制造的芯片的体积可以小到像尘埃颗粒那样，而其功效则可以比现在的奔腾芯片提高约1000亿倍。

美国科研人员正在研究"智能尘埃"，这种"尘埃"粒子里安装有超微型电子侦察设备，它不需要动力源，可以随空气流动而飘浮在空中，纳神不知鬼不觉地进行侦察活动。尘埃间谍除配备有电脑监视器外，还要配备微型传感器、激光及通讯收发器，他们都很小，都可以在空中飘浮。除了充当间谍外，它们还可以侦察化学毒品或其他危险品。专家们对这种新型空间间谍的发展前景十分看好，认为将来可以将尘埃撒在敌方重要设施上空，形成"密集效应"。

总之，21世纪随着纳米技术在军事上的广泛应用，从太空到地面，将会充斥着形形色色超乎寻常的微型武器或仪器，它们与传统武器在尺寸和性能上均大相径庭。纳米武器的出现和应用，将极大地改变未来的战争及人们对战争的认识。

引力异常之谜

在初中学过物理的人都知道万有引力是牛顿发现的，牛顿躺在苹果树下，看到一个苹果落到地上，突然产生一个联想，苹果落到地上与行星绕着太阳运转是不是有关联，都受同一规律支配着？

牛顿想，是的，宇宙中的物体之间都存在着引力，都在相互吸引，并且归纳出了万有引力定律。几百年过去了，万有引力仍然被认为是正常的。在日常生活中，我们虽然看不到桌子的引力把椅子吸引过去，却依靠万有引力定律计算出月亮绕地球的轨道，地球绕太阳运行的轨道，能准确地预报日食和月食，准确地测出人造卫星、宇宙飞船的轨道。

卫星和宇宙飞船一次又一次发射成功，都说明根据引力理论进行的计算准确无误，引力理论是正确的，没有必要去怀疑它。

然而引力理论也不是绝对权威，也受到了挑战。因为它无法说明引力异常的现象，给人们留下了一个谜。

引力异常之谜是法国科学家阿勒发现的。阿勒是法国空间研究中心研究部主任，1953年他在巴黎的一个实验室里做了一次实验，实验的结果引起了他的好奇和兴趣，从此开始了持续的观测，一直进行到1957年。

阿勒为了观测地球引力，在地下室搞了一个装置，那是一个83厘米长的锥摆，锥摆是一个7.5千克重的铜盘，这是一个非常简单的装置。开始实验的时候，把摆从中心位置拉到一个静止位置拴稳，然后把丝线烧断。摆就开始来回摆动，14分钟以后使摆停下来，记下摆的方位角。间隔6分钟再进行一次实验，这样每昼夜就要进行72次实验。

说到摆，就不能不提到傅科摆，北京天文馆里就有一个傅科摆，它是一个用长长的钢绳高高吊起的单摆。单摆从东向西摆动，看起来好像永不停

△ 宇宙中真的存在第五种力吗

顿地在东西方向上来回摆动。事实上却不是这样，每一次摆动，方向都有细微的变动。方向的变动，不是单摆运动的方向有改变，而是反映了地球在自转，在北半球方向做顺时针转动。在北京大约37小时，方向转动了360°。

傅科摆的运动方向转动是均衡的，像钟那么准。而阿勒进行的观测却有点出人意料，摆动的方位角却不是均衡的，呈现出周期性变化。这一变化反映了引力有异常现象。会引起锥摆运动的引力，除了地球引力，那就应该来自太阳和月亮了，最能反映异常现象的时刻就应该是日食的时候了。

1954年6月30日发生了日食，阿勒抓住这个难得的机会进行观测。如果引力异常的确是由太阳和月亮引起的，那当日食的时候，太阳、月亮和地球都处在一条线上时，锥摆一定会出现异常。果然当日食开始的时候，锥摆的方位角立即从170°跳到185°，弹跳了15°。日食结束以后，转动平面又恢复到原来的状态。

阿勒的发现引起了科学家的注意，却找不到科学的解释。有心的科学家决心继续观测。美国哈佛大学萨克斯尔做了一个钮摆进行实验，使用电子计算机把测定结果自动打印出来。1970年3月7日，又发生了日食，电子计算机的记录更准确地反映出异常的过程，日食开始以后扭摆的摆动就出现了异常，说明扭摆的重量有所增加！在日食期间，扭摆的重量竟增加了1.2千克。

扭摆的重量只有23.4千克，突然增加1.2千克，这可不是一个小数，说明引力异常十分突出。可是在日食期间使用弹簧秤，却没有发现重量增加，说明弹簧秤没有测出异常，地震仪上也看不到异常现象。

我国科学家也曾观测到引力异常现象。各国的科学家都承认存在着引力异常现象，但却没有人能令人信服地说出异常的原因，只能进行一些猜测，就如同猜谜似的，只是说可能是这样，可能是那样。

有人说，宇宙间还存在着一种人类尚未认识的力，叫第五种力。目前，我们知道的自然力有4种，引力、电磁力、强力、弱力。引力和电磁力是我们熟悉的，强力和弱力只出现在基本粒子之中，除此以外，会不会有第五种力呢？

有人说，发生日食的时候引力被吸收了，还有人说存在着一个新场……

至今为止，还没有一种说法能圆满地回答引力异常是怎么产生的，而只是告诉人们，牛顿的引力理论、爱因斯坦的引力理论都无法解释引力异常现象。经典物理、现代物理都说不清楚，那么这些理论就不是那么完善。是应该修改，还是加以补充，还是创造一种新的理论？

人们在期待。

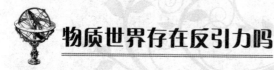

物质世界存在反引力吗

物理学知识告诉我们，强度随距离平方而减少的场有两种：电磁场和引力场。这种减少是比较缓慢的，因此即使在很远的地方，也能发现这两种场的存在。地球离开太阳有1.5亿千米远，但仍被太阳的引力场紧紧地抓住不放。

但是在这两种场当中，引力场又比电磁场弱得多。一个电子所产生的电磁场要比它所产生的引力场大约强4亿亿亿亿倍。

表面上看到引力场似乎更强大，每次我们从高处跌落下来时都会痛苦地体验到这一点，这只是因为地球太大的缘故。由于地球的每个小块都对引力场有所贡献，一点一点加起来，总的引力场就显得可观了。

可是如果我们拿出1亿个电子（这个数量是太微不足道了，如果把它们集中到一点上，那么即使用显微镜也无法看到它们），并让它们散布在地球那么大的空间里，这时这些电子所产生的电磁场，就会和整个巨大的地球所建立的引力场一样强大。

为什么我们对电磁场的感觉不像对引力场那样明显呢？

这是因为二者之间是不同的，电荷有两种：正电荷和负电荷，因此电磁场既可产生吸引作用（在正电荷和负电荷之间），也可产生排斥作用（在两个正电荷或两个负电荷之间）。事实上，如果在像地球那么大的体积内除了1亿个电子之外别无他物的话，这些电子就会互相排斥，远远地散布开来。

由于电磁吸引力和排斥力的作用，会使正电荷与负电荷均匀地混合起来，这样两种电荷的效应就趋于互相抵消。至于电荷数目的极其微小的差别，则是有可能存在的。我们所研究的正是这种多了一点或少了一点某种电荷时的电磁场。

然而引力场看来仅仅产生吸引力，每一种具有质量的物体都会吸引其他具有质量的物体，而当质量增加时，引力场也会增大，它们是不会抵消的。

如果某个具有质量的物体，能够排斥另一个具有质量的物体——其强度和排斥方式正好与一般情况下它们互相吸引时一样，那么我们就得到了"反引力"，或叫"负引力"。

△ 真的存在反引力吗

人们还从未发现这种引力排斥作用，不过这很可能是由于我们所能研究的一切物体都是由普通的物质微粒构成的缘故。

世界上存在着一种"反粒子"，它们在各方面都与普通的粒子相同，只是它们所产生的电磁场恰好同普通粒子相反。例如，如果某一种粒子具有负电荷，相应的反粒子就会具有正电荷。也许，反粒子也会具有相反的引力场。两个反粒子会像两个普通粒子一样以引力互相吸引，但是一个反粒子却会排斥一个普通粒子。

麻烦的是引力场实在太微弱了，只有在相当大的质量下才能发现引力场，而单个粒子或反粒子的引力场，则是无法发现的。我们能够得到普通粒子构成的大质量，但是到现在仍未能将足够多的反粒子搜罗到一起。而且时至今日，也没有哪个人能够提出一种能够发现反引力效应的切实可行的办法来。

跨越许多光年的旅途之谜

是否可以找到一条通向时空的神秘之路，让人类快捷地到达宇宙中的某个目的地呢？

同样是从相对论出发，人们产生了有可能在时空中找到"捷径"，并由此而绕过光速这一障碍的思想。这一思想是由两位美国物理学家于1988年首次提出的。这两位物理学家是相对论专家基昔·索恩和帕萨迪纳的加利福尼亚科技研究院的迈克尔·莫里斯，他们是应天体物理学家卡尔·萨根——他既对不明飞行物抱有强烈的敌对情绪而又热衷于对外星生命的研究——的要求从事此项研究工作的。

萨根当时正在撰写他的书《交往》。他希望在此书中能为在星际间从事超光速航行奠定一个可以被人接受的科学基础。根据二位物理学家的想法，黑洞（其存在仍处于猜想之中）很可能可以成为找到一条"捷径"或者时空短途的着手点。如此一来，就有可能如同《星球大战》中的人物那样，用我们星球上的几个小时跨越许多光年的旅途……

当一个特别大的恒星，由于耗尽它自己储备的核燃料，最终自我崩溃时便可以转变为一个黑洞，在此黑洞内根本不存在时空物质。光便成为空间弧内的俘虏！黑洞的猜想来自于广义相对论，这一理论的产生是非常复杂的。让·皮埃尔·吕米内在他的名为《黑洞》的书中叙述道："1915年12月，在爱因斯坦有关广义相对论的方程文章发表一个月之后，德国的天体物理学家卡尔·施瓦茨库尔特找到了解决办法，他描述一个由真空包围着的一个星球的引力场。"他从这一模式出发得出：假如我们设想这个星球是一个浓缩的点，这个点周围的时间和空间均变得极端混乱，在"临界射线"或者叫做"施瓦茨库尔特射线"的内部，时间和空间的概念已经失去意义。在发现量子力学几年之后，人们借助于这一理论懂得了一个特大星球，当构成它的物质密度达到过高的程度时有可能发生"引力崩溃"。

天体物理学家们经过长期研究终于得出一个假想：在黑洞的对面应该存在一个镜子类的东西，存在同黑洞对称的、时空

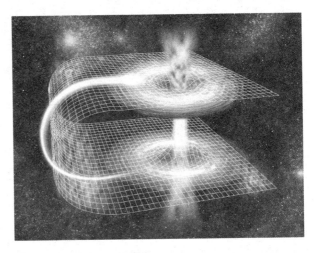

△ 真的有"虫洞"存在吗

的另外一"侧"，并且在它们二者之间存在被称为"施瓦茨库尔特咽喉"或"爱因斯坦——罗森桥"的一个"桥"将它们连接起来，在黑洞的另一侧即时空的另一个地区或宇宙的另一"面"，存在一个"白洞"，黑洞所吞噬的物质便是从那里喷出。但在星球黑洞的模式中，那座桥是不可逾越的！那么如果太空船在旅途中因此而必然被撞毁的话，如何才能设想出一个可以经过黑洞安全地从事跨星际航行的方案呢？

当发现另一种更加复杂的、由一个自转的星球形成的黑洞后，这一通过黑洞找到星际间航行捷径的思想开始重新活跃了起来。1962年，新西兰的物理学家罗伊·克尔对旋转中黑洞的引力场作出了准确的计算。那几乎可以说是一个内部几何结构很复杂的"宇宙大旋涡"。让·皮埃尔·吕米内讲道：在此模式中"中心的独特物质不再是一个点，而是顺着赤道坐标平躺着的一个环状物。此环状物已不再是不可躲避的、所有的物质必须向它汇集的时空交点。这样一来，在一个旋转着的黑洞内从事航行成为可能！使用要么从那个奇怪的环状物上方，要么直接通过爱因斯坦—罗森桥穿过它的方法避开那个环状物。"爱因斯坦—罗森桥因此成为连接两个时空区域的隧道，由于它同一条虫子在木材中蛀出的孔是看不见的情形相同，因而被命名为"虫孔"。

这个环状的"虫孔"可以被用作在相距甚远的两个时空点间，甚至在

时间中游历的捷径吗？这正是索恩和莫里斯二人于1988年提出的"解决办法"。为支持这一理论，提出其他的五花八门的设想是少不了的。其实，"进入这个'虫孔'内的任何物质都由于孔内的引力场的作用而急剧增大，因而它自身的重力会改变时空，堵塞虫孔。"索恩和莫里斯二人还提出一个解决办法：引进一些能够施加一个"反压力"的外来物质，以保持黑洞避开那个环状物！这类物质在宇宙生成初期，即（宇宙起源时的）大爆炸之后也许存在。剩余的问题是任何人都不知道这种物质目前是否仍然存在。让·皮埃尔·吕米内得出的结论是："所有这一切均为纯理论性的，任何人不知道在现时代的大自然中是否仍然存在这种能产生'反压力'的物质。为了能够有效使用时空中的这些'捷径'，无疑必须有能力建成一些'反'虫孔，用将一个非常微小的反虫孔加粗的办法也许可以达到此目的。即使这个构想可以实现，也无任何根据能证明用普通材料制造的太空船可以毫无危险地横穿一个反能区域！"

　　尽管存在这些巨大的困难，人们仍然在继续不断地为通过穿过一个"虫孔"实现星际间的交往提出一些设想。1996年3月23日《新科学》杂志列举出所有围绕"建成"一个人造"虫孔"——这或许是比我们的文明发达得多的文明有能力做到的——所进行的争论。意大利物理学家克洛迪奥·马科纳提出一种设想：人们利用引力场或许可以达到这一目的。其他的一些科学家们仍然继续在能源和反质量——它可能具备创造出一种排斥力的特殊性能——方面进行思考。真空中含有巨大的能量：这便是1948年由荷兰物理学家亨里克·卡什米尔发现的"卡什米尔效应"。这就意味着目前物理学的现状还不能为此问题提出一个最终的解决办法。某些理论家毫不犹豫地转向将物理学的两大支柱——相对论和量子理论——结合起来的"宇宙万物论"，以"超级弦"理论著名的最新尝试设想太空中可能为三维空间。我们在不知不觉中被抛入了"超空间"！但是此时出现超越所有这些思维的另外一个更加强劲的思想：另一个宇宙与我们并行存在，这一思想开创了一些更加神奇的前景。无论如何寻找通向时空的神秘之路，是一个非常艰巨的科学难题。

时间的本质揭秘

时间是什么？这是斯芬克斯之谜。文学家说，时间是铁面无私的法官；企业家说，时间是金钱；政治家说，时间是生命。诸如此类的说法均涉及人的情感。只有科学家才是关于时间的最公正的裁判。

到目前为止，科学家已认识到时间具体有两重性：对称性（或可逆性）及其破缺（或不可逆性）。对称性时间源自牛顿力学（牛顿第二定律的表述方程经时间反演变化即用——t替代t后保持不变），按照这种时间观，现在、过去、未来是没有区别的，如行星无休止的圆周运动，钟表指针圈复一圈及气候春夏秋冬年复一年的循环。

19世纪中期，开尔文（英国）等发现了热力学第二定律。按照这个定律，物质和能量只能沿着一个方向转换，即从可利用到不可利用，从有效到无效，从有秩序到无秩序。如煤燃烧后，成为无法生热的煤灰，并向大气层放出一氧化碳等废气。这就意味着时间对称性的破缺，宇宙万物从一定的价值与结构开始，不可挽回地朝着混乱与荒废发展，不同时刻的价值与结构不相同。第二定律揭示了一种"退化"的非对称性时间。

"君不见高堂明镜悲白发，朝如青丝暮成雪"，（李白《将进酒》）就反映了这种时间观。

几乎与此同时，进化论者发现了发生在生物界和人类社会的时间对称性破缺，创立了进化时间观。达尔文认为，地球上的生物处在不断进化之中，从简单到复杂，从生命的低级形式向高级形式，从无区别的结构到互不相同的结构。马克思认为，人类社会是逐渐由低级向高级，向更加完善更加有序的阶段发展的。与退化论者恰成对照，进化论者的这些发现是令人十分乐观的：随着时间的流逝，宇宙将进化得越来越精美，不断地向更高水平发展。

从人的一生依稀可见时间的进化性、对称性和退化性的缩影。在一个受精卵发育成人的过程中，体内的组织逐渐从简单向繁多精密发展。从脱离母体到成年（约20～35岁），人体器官逐步向功能完善发展。从成年到40岁左右，人体各器官的功能基本保持不变。此后，人体各器官的功能逐渐衰老。

20世纪70年代中期，通过对自组织现象的仔细考察和长期研究，普利戈津提出了耗散结构理论。按照该理论，可逆性是时间具体有对称性的基础，不可逆性是时间进化和退化的本质，一个非平衡系统（系统的温度等状态参量随时间变化，或系统与外界存在诸如热流粒子等宏观流动）的演化过程，可用数学中的分支点理论来描绘。一个非平衡系统（无论是生物或非生物系统）经过分叉点A、B演化到C时，对C态的解释必然暗含着对A态与B态的了解。C态的秩序和结构比A态与B态的既有可能更高级精密（进化）也可能更低级简单（退化）。普利戈津就这样定量统一地解释了时间的进化性和退化性。

大爆炸模型（伽莫夫等，20世纪40年代）和爆胀模型（古斯等，20世纪80年代）揭示了时间在宇宙尺度上的对称性破缺：约200亿年前，宇宙还是一个质量密度无限大的"奇点"，一次巨大的爆炸并经过200亿年的近光速膨胀，形成了现在的宇宙，且还在膨胀。在基本粒子领域，美国科学家克罗宁和菲奇发现了时间对称性自发破缺的现象：C介子在衰变过程中，对于空间反射和电荷共轭变换不守恒，从而说明了时间反演对称性自发破缺。

爱因斯坦曾认为，时间不过是人的主观"幻觉"而已。他说："对我们这些信念坚定的物理学家来说，过去、现在与未来之间的差别只是一种幻觉，虽然是一种长久不变的幻觉。"这种观点未免过于偏颇。如上所述，时间是具有客观性（事物或发展或退化或不变是客观的），但不可否认，时间确与人（的主观性）有联系。搞清楚时间的最终本质是科学家的一大愿望。

时间的最小单位之谜

1800年刚过不久就有人提出，物质是以某种叫做"原子"的小单位存在着。1900年过后不久，又有人提出了能量是以某种叫做"量子"的小单位存在着。那么时间会不会也以某种确定的小单位存在着呢？

科学家们有两种寻求"最小可能单位"的方法：直接的方法和间接的方法。直接的方法是把某个要测量的量一直分下去，直到不能再分为止——把要测量的质量一再分下去，直到获得一个单个的原子为止；把被测量的能量分到获得一个单个量子为止。间接的方法是指发现某种如果不假设有最小的可能单位存在就无法解释的现象。

比如原子理论，是通过大量的化学观察得到间接证实的；量子理论则是通过黑体辐射和光电效应的发现间接得到证实的。可间接方法并没有导致时间最小可能单位的存在，因为人们没有观察到有什么东西非得用存在着时间的最小可能单位的假设来解释的现象。

间接方法不行，人们又开始用直接的方法来寻找。在发现放射性之后，物理学家开始与极其短暂的时间间隔打交道了。有些原子有极短的半衰期，例如钋212的半衰期就不到百万分之一秒（10^{-6}）。就是说，在地球以每秒约12千米的速度绕着太阳走1厘米时，这种原子就会衰变掉。不过，尽管物理学家详细研究了这种过程，却没有发现时间不是以连续的方式，而是以"一下一下"的方式流逝的。

后来人们发现，有一些亚原子粒子能够在更为短暂得多的时间里发生变化。某些粒子在气泡室里以接近光速的速度运行，它们能从出生到衰变的时间里形成3厘米长的径迹，这相当于一百亿分之一（10^{-10}）秒的寿命。

不过这还不是最出色的成绩，在20世纪60年代人们又发现了寿命特别短

△ 我们最终能破译时间的奥秘吗

的粒子。它们是如此的短命，即命名以接近光速的速度行进，也留不下一条能够进行量度的径迹。它们的存在时间只能用间接的方法计算出来。已经查明，这些超短寿命的"共振态粒子"只能存在一千万亿分之一（10^{-23}）秒。

如此短的时间是无法想象的。共振态粒子的寿命与一百万分之一秒相比，正像一百万分之一秒与3000年相比一样。我们再换个方式来想象这段时间。光在真空里的速度接近每秒钟30万千米，这是已知的最大速度。在一个共振态粒子出生到消灭这段时间里，光能传播多远呢？答案是10～23厘米，即只有一个质子的直径那么长。

可是我们仍然没有理由认为共振粒子的寿命一定就是最小的时间单位，人们现在还看不出时间是否有一个下限。

时光真的会倒流吗

英国诺福克郡有个洛克斯汉姆湖，这里湖面宽阔。据说是人工开挖而成，甚至有人说这里曾是个罗马竞技场，因为有人看到了以前的景象。

本杰明·柯蒂斯描述了自己所遇到的发生在洛克斯汉姆的奇怪事件：

接近豪维顿·圣·约翰的叙述，在洛克斯汉姆的宽阔河段中，我和两位朋友正从比欧河向对岸游过去，这时候奇怪的是我们感到我们的脚碰到了河底。而现在这块儿的水很多，有3.6米深，在另外的地方有4.2米左右。我们聚到一起，发现我们站在一座大剧场的中央，我们四周有许多台阶式座位，一个在一个上。水退了，我们站在那儿，穿着像罗马军官。还有更令人震惊的是，我们都没感到惊奇，我们也没有对于这景致感到不方便，而是对此非常习惯，以至于我们忘记了（原文如此）我们一直在游泳。竞技场的顶部全是露天的，在墙顶部，各种颜色的旗帜随风飘荡。

刊登在1709年4月16日《绅士报》上的由尊敬的托马斯·乔赛亚·彭斯顿所作的描述里，这个故事被做了一两处有趣的改动，并再次提及：

"……在距离古城诺里奇大约十一英里的诺福克郡，我们正在一处美丽的湖岸上举行野餐，这时被一位极难看的人非常突然地不由分说命令我们离开，此人的容貌和着装掩饰了他有教养的品行。"

"由于这位不友善人的固执使我们有点儿气愤，我们决定离开，这时，突然我们不得不赶快闪到一边，为帝王般豪华的一列长队伍让路，其中最显著的人物是一辆金制战车带着的一个着装像一名罗马将军、相貌可怕的男人。战车由十匹昂然而行的白色种马拉着，大约十二头狮子由强壮的罗马士兵用链条牵着，一队号手正在吹号喧嚣着，另外有一队鼓手，跟着的是几百名长头发、穿部分铠甲的水手或者水兵，他们全都被链条连在一起。"

△ 时间真的能倒流吗

"他们从我们身边很近的地方走过，但是很显然没有人看到我们。在这由弓箭手、长矛兵和弩炮组成的长队中，一定会有七八百名骑兵。我不知道，他们去哪儿或者来自何处，然而他们在湖边消失了。他们经过时所发出的喧嚣声是非常大的，而且是清清楚楚的。"

无独有偶，这种时光倒流的奇特经历在20世纪70年代也曾发生过。科林·艾林和约翰·英格兰于1977年一个宁静的秋天晚上，正在一处2000英亩的乡村地上工作，开始时喝着茶，吃着快餐，然后，出发去探险。科林取了一条对角线路线穿过大地，而约翰则绕着边缘走。那是一个有重大发现的夜晚。科林找到了一枚裘力斯·恺撒时期的迪纳里厄斯银币，它属于共和时期，还有几枚罗马铜币，然后是另一枚迪纳里厄斯银币，是儒提列斯·弗来克斯时期的。他们还发现了几件古代制品，他们不能确认这东西的精确质地，还有一支罗马标枪的尖头，上面刻有"尼格尔"的名字。

紧接着，他俩听见了疾驰的马蹄声朝他们而来。为了安全起见，他们向相反的方向跑去，他俩听到了这些马正好经过他们刚才站着的地方。科林和约翰都清清楚楚地听到了奔驰的马蹄声，但连个马影都没见到。

他们不可思议地被这经历弄蒙了，并且怀疑他们是否还在开始搜寻的地方。他们把这个地方叫做"石头地"，这是因为有一堆石头堆在一个角落里。

　　真正使他们困惑的是，在他们前面四十米的地方，突然莫名其妙地出现了似乎是紧密捆扎的而又不能穿透的树篱，大约十英尺高。他们小心地靠近它，并靠着它的边，沿着它走了近100米，之后他们找到了回到自己汽车的路。

　　当曙光到来之时，他们去寻找马蹄印和那段奇怪的防护树篱。没有马蹄印，没有防护篱笆。可是两个人都能清晰地辨认出他们自己的脚印，并且他们看到了不得不绕着障碍物走的他们的脚印，而这个障碍此时已消失了。

　　麦克·斯托克斯是什鲁斯伯里的尤利豪斯博物馆的考古专家。后来他鉴别了科林和约翰在标枪尖头附近发现的制品，它们是罗马骑兵队的部分用具。约翰和科林听到罗马骑兵巡逻队离开他们的军事城堡了吗？"石头地"中神秘的障碍物是那个古代罗马防卫地的一部分吗？标枪尖头上的名字"尼格尔"是尼格勒斯的缩写吗？他是未被看见的穿越时间奔跑的罗马骑兵队的一员吗？

　　或者是否有一种完全不同的解释——至少是对于重访过去情境而言？石头、金属、木头、土壤和岩石是否会吸收和记录它们周围、及内部发生的事情，然后当外部条件适合的时候，重现给敏感的人呢？

离奇的洗衣机之谜

　　这件奇怪得令人难以置信的事情，发生在美国西雅图市一位26岁独居女子柏蒂·姬艾丝身上。当她把用脏了的床单放在新买的一台洗衣机内洗过后，打开机盖一看，却发现里面的床单不知怎的已不翼而飞，代之的是一件完整如新的18世纪美国华盛顿总统时代的军服装在机内。"这简直完全不合情理。"这位妇人至今仍无法相信这件事。"我明明记得我将床单放入了洗衣机里清洗，可是取出来的却是一件旧衫。这绝对不可能是有人与我开玩笑，因为全屋里只有我一个人住，而且我还养了两条大狼狗守卫，任何人闯进来都会被它们发现。"

　　"我实在不知怎么说才是，我的一个友人说，我的洗衣机一定是一部'时光倒流机器'，看来他说的也未尝没有道理。"

　　当地一位历史学家曾细心查看过柏蒂从她洗衣机取出来的这件殖民时代的军服，证实它的确是该年代的产品。

　　他也排除有人恶作剧的可能，原因是这件旧军服不但保存完整，还因为它是"古董"而十分值钱。

　　"照我所知，任何一位私人收藏家或博物馆都乐意付出25000美元或更高价钱购买这件衣服。"这位历史专家说。

　　目前柏蒂仍未决定怎样处置她这件"不明来历"的旧衣，不过她很大可能会将它出售。与此同时，一些大科学家和超自然现象专家都很想研究一下她那部洗衣机的结构，看它究竟有什么特别之处。

　　他们相信"大有可能"是洗衣机将那件老军服从18世纪"转送"到今天来。

　　"根据我们初步推测，可能是洗衣机旋转时，发出某种极特别的无线电

△ 如果真能穿越时空，我们会见到什么

波，与一个时空隧道接通上了。"一位科学家解释说："然后，不知如何那件衣服阴差阳错地被送到了这里来。"

"换句话说这其实是一种时空交错现象，过去变成了现在，现在变成了过去。虽然极罕见，却也不是第一次发生。"如果真是如此，说不定柏蒂小姐的床单目前正在18世纪某人手里。

所有这些都只是推测而已，真正的谜底还有待科学家们进一步研究。

万有引力定律"失灵"大破译

到了1781年，天文学家们已经发现了太阳系有七大行星，它们分别是水星、金星、地球、火星、木星、土星和天王星。它们按照距离太阳由近到远的顺序排列着。当时，牛顿的万有引力定律已经得到所有科学家的认可，他们津津有味又得意洋洋地用这个伟大的定律来预测各行星在天空中的位置，他们沉溺于牛顿的伟大杰作中。水星、金星、地球、火星都先后出现在科学家们预测的轨道上，木星和土星也出现在他们预测的轨道上，科学家们满意地微笑着，以此来表达对大物理家牛顿的钦佩和肯定。可是，当科学家们预报距离太阳更远的天王星的运行轨迹时，结果却让科学家们失望了。天王星每一次运行的实际轨迹，总是和用万有引力定律计算出的轨迹不相符合，有时候这种"失常"还非常严重。科学家们困惑了，他们纷纷猜疑、莫衷一是。有的认为，牛顿的万有引力定律对于这么远距离的天体就不灵了，有的认为是自己的计算发生了错误……这时候有两位年轻的科学家，他们坚信牛顿万有引力定律的正确性，并且给出了天王星运行轨迹与计算轨迹发生偏差的原因，那就是在天王星运行轨道的外面，还有一颗（或多颗）未被发现的行星，它们强烈地吸引着天王星，吸引力是如此之大，以至于改变了天王星的运动轨迹。

这两位年轻人就是后来发现海王星的勒维烈和亚当斯。

亚当斯是英国人，他20岁时进了著名的剑桥大学读书，他对天王星行动"失常"的问题发生了极大的兴趣。1841年3月7日，亚当斯在日记中写道："天王星为何行动失常，是否由于外面还有一个未知的行星？我将努力去研究它。"他从1843年开始进行计算，到1845年10月21日得到了结果，算出了这颗未知行星的质量、轨道，以及在天空中的位置。当时他把这份成果寄给了格林尼治天文台台长艾里。可是艾里思想比较保守，不太相信这个"莽撞"的年轻人，便把这个重要的发现，不声不响地搁进了抽屉里。结果，保守的英国人把这个发现一颗新星的机会，拱手让给了海峡对面的法国人。就在亚当斯的成果被锁在艾里的抽屉里这9个月的时间里，在法国，年轻的勒维烈的计算也完成了。他写信给欧洲一些国家的天文台，请求他们用望远镜帮

△ 斯蒂芬·威廉·霍金，英国剑桥大学应用数学及理论物理学系教授，当代最重要的广义相对论和宇宙论家，被称为在世的最伟大的科学家。

助寻找这颗新行星。勒维烈的运气比亚当斯要好，他没有被拒绝。柏林天文台的加勒，于1846年9月23日看到信后，当天晚上就按勒维烈的计算，用望远镜进行观测，再加上柏林天文台刚刚绘制成的全天星图的帮助，不到30分钟就在距离勒维烈预报的位置旁边不到一度的地方，找到了一颗小星星。第二天晚上，加勒又观测了一夜，证明这确实是颗新星，这就是后来的海王星。

海王星的发现，惊动了格林尼治天文台的艾里，正是因为他的刚愎和保守，才埋没了一项伟大的计算成果和一个伟大的科学家，他感到无地自容。要知道9个月前，如果他按照亚当斯的计算去寻找，那么发现海王星的就应该是英国人。尽管如此，后人提起海王星的发现时，勒维烈和亚当斯两个人的名字还是并列的。

海王星的发现，是牛顿万有引力定律的一次巨大胜利。万有引力定律不仅可以解释行星的运动，而且可以使天文学家根据行星受到邻近未知行星引力的干扰而产生的"失常"行动，来预见未知行星，并计算出它们在天空中的位置。

找到了海王星之后，人们的思维会很自然地跳跃到：在海王星之外，会不会还有行星，能不能用同样的办法再找到它。

问题正是如此，在确定了海王星的轨道和质量之后，再重新去计算天王星的运行轨道，尽管把海王星的吸引也考虑进去了，还是不能圆满地解释天王星的"失常"行动。当然，海王星自己的运行轨道也还是存在偏差。人们确信，海王星的外面，一定还有未知行星。

可寻找这个问题的答案，远比想象的困难多得多。因为天王星和海王星轨道偏离的值很小，无法准确地预报出这颗未知行星的位置。而且这颗行星距离太阳和地球太遥远了，对它进行观测非常困难。所以直到1930年，80多年的时间里寻找工作一直没有多大进展。

直到1930年3月13日，美国天文学家汤姆堡才正式宣布，发现了新的行星。

汤姆堡选定了寻找未知行星的课题后，知道预报的位置不准确，他就把预定的天区划分成许多小块，然后用望远镜依次对一小块一小块的天空有计划地进行拍照，过几天又这样重拍一次。如果有了新的行星，它在2张底片上的位置多少会有点儿不同。他拍摄了大量的底片，每一张底片上都有几万到几十万个星点；他用仪器一个一个星点进行校核，这是一项多么艰巨而又烦琐的工作啊！靠着惊人的毅力和耐心，汤姆堡终于找出了这颗"海外"行星。这一年，汤姆堡只有24岁。这颗被人们寻觅了80多年的太阳系的第九大行星，被命名为"冥王星"。冥王星是九大行星中最小的一颗，直径只有2700千米，也是离太阳最远的一颗行星，它绕太阳一周要248年。冥王星的发现，使太阳系的范围又向外扩展了大约14亿千米。

冥王星发现以后，天王星和海王星的轨道还是和计算轨道有微小的偏差。是不是太阳系还有未被发现的行星呢？这个问题至今仍在争论中。但除非有新的新星被发现，否则谁也不敢下有或没有的结论。

真的是"天上一天，地上一年"吗

　　爱因斯坦最大的贡献，是他创建了狭义相对论和广义相对论。相对论是物理学中最深奥难懂的内容，许多物理学家都望而却步。这里我们试着用一些直观的例子，来接触一下这物理学中最奇妙和深奥的理论。

　　我们知道，两个静止的正电荷之间会产生排斥力，但当它们同时运动起来时，电荷之间又会产生吸引力。于是问题就来了。

　　假设有两个小朋友A和B，站在太空里。A的两手各拿一个正电荷，以一定速度从B的身边经过。过一段时间，A松开手，让两个电荷自由运动。

　　在A看来，两个电荷都是静止的。于是，两个电荷在相互之间斥力的作用下向两边分散开来。

　　而在B看来，A手中的两个电荷是运动的。运动的电荷之间会产生吸引力，这个吸引力抵消了部分相互排斥的电力。因此，在B看来，电荷分离的速度比A看到的要慢。

　　这就是相对论原理！

　　根据爱因斯坦的理论，一个静止的观察者对他所看到的迅速移动的物体会产生如下效应：

　　时间放慢——物体运动的速度越大，钟表走得越慢。

　　长度缩短——运动的速度越大，物体变得越短，即物体在它的运动方向上收缩了。

　　质量增大——物体运动的速度增加时，它的质量也增加，速度越大，质量也越大。

　　也就是说，我们对时空的认识是相对的。

　　这就是爱因斯坦的狭义相对论。

△ 阿尔伯特·爱因斯坦，美籍德国犹太裔，理论物理学家，相对论的创立者，现代物理学奠基人。1921年获诺贝尔物理学奖，20世纪最伟大的科学家之一。

不过，上述这些情况只有在高速（近于光速，光速是每秒30万千米）运动时才会发生明显变化，因此平时我们很难发现这些令人惊奇的现象。

你是不可能发现周围的物体缩短的，因为这些物体并不是以光速前行。我们来设想一下，假设你站在太空，一艘宇宙飞船，以每秒26万千米的速度前进。那么，你所看见的飞船只是它的长度的1/2，飞船中的每个人、每一件东西都缩小了1/2。而飞船的人并不觉得自己或飞船的大小有什么改变，对他们来说，一切都是正常的。

当飞船的速度接近光速时，飞船就像一枚扁扁的硬币在飞行。

不过宇宙飞船能够以接近于光的速度前进，但却不能再快了。没有任何物体能比光跑得更快，因为当它以接近于光速前进时，它的质量增加到极大，以致没有任何力量可以使它前进得更快了。

在这样的高速下，时间也受到影响，飞船中的钟表走得很慢很慢，比我们的钟表慢许多。这就引出了一个类似神话的美妙故事。

几千年来，人们一直幻想长生不老，永葆青春。然而没有谁能如愿，一切的尝试都失败了。

但是到了20世纪，这个梦想竟成为可能！这是在相对论中找到的。爱因斯坦认为，如果人以接近光的速度行走，就可以留住时间。

你也许没有意识到，你的身体本身就是一只"钟表"，一只"活钟表"。你的心脏在跳动，时间"滴答滴答"过去了，就像钟摆"滴答滴答"一样。在接近光速的高速运动下，人体这只"活钟表"走得非常缓慢。随着时间的推移，你的身体并没有衰老，你将永葆青春。

关于相对论，爱因斯坦讲过一个非常形象的故事：在未来的某一个时间，有一对20岁的孪生兄弟，参与了一项为期50年的宇宙航行计划。孪生兄弟中的一个，乘宇宙飞船以每秒29万千米的速度做太空飞行，另一人留在基地进行观察。在随后的50年里，留在基地观察的人慢慢地衰老了。50年（地面上的时间）过后，当坐太空飞行的人乘宇宙飞船回到基地时，迎接的人们目瞪口呆：他竟仍然像离开时那样年轻，动作敏捷地跳下飞船！虽然地面上已过去了50年，但对他来说，却只过去了几天。他的70岁的兄弟也来迎接他，不过此时他已是一个弯腰驼背、白发苍苍的老人了。

在接近光速的高速运动下，宇航员的心脏跳动变慢，身体各部分的生理过程也放慢了速度，所以，他不容易变老。也许消化一顿饭的食物要经过一年时间，两顿饭之间要经过若干年时间。当然，这是用地球上的钟表和日历来衡量的。而在宇宙飞船中，宇航员的钟表变慢了，显示出的时间只是过了几个小时，也就是平常我们两顿饭之间的工夫而已！

1966年，科学家们用 μ 子做了一次双生子旅行实验。旅行的地方不是在宇宙空间，而是在一个直径约为14米的圆环内。μ 子从一点出发，沿着圆形轨道高速转一圈，再回到出发点。实验的结果证明，旅行后的 μ 子的确比没经过旅行的 μ 子年轻。也就是说，在高速运动中，μ 子内部的时间过得慢了，所以它的寿命比百万分之二秒要长，它飞行的距离可以远远超过600米。

我国古代神话中，常有"天上一天，地上一年"的故事，这其中就包含了相对论的思想。

炼丹术与炼金术大破译

在古代，中国、希腊、印度、阿拉伯和西欧各国都盛行过金丹术活动。所谓炼丹，就是制造长生不老的丹药，使人延年益寿。按中国古代金丹术士们的说法，人用服了这种丹药就可以长生不老。炼金，就是制造昂贵的黄金、白银。金丹术士们试图把一些廉价的金属借助仙药的点化，转变为贵重的黄金、白银。

炼金术与炼丹术的主要区别在于：炼金术以乞求财富为目的，着眼于点石成金；而炼丹术虽然也要炼制黄金、白银，但主要目的不是为了财富，而是为了获得长生不死的金丹。

中国是炼丹术的起源地。后来中国的炼丹术传到了阿拉伯，形成了阿拉伯炼金术。然后又经阿拉伯把炼金术传到了欧洲，形成了欧洲炼金术。炼丹术在中国颇为盛行，而炼金术在阿拉伯、欧洲也很盛行。有的人把炼丹术和炼金术合称为金丹术，把从事炼丹、炼金活动的人称为术士或方士。

我国自古以来就有长生不老的说法，例如神话传说中嫦娥偷吃了不死之药飞奔到月宫，成为月中仙子。到了战国，长生不死的观念在医师、贵族和学者之间已十分流行。据说秦始皇在位时千方百计寻找这种仙药，甚至派人带领800童男童女，乘船入海，替他去寻找灵丹妙药。而我们所熟悉的《西游记》里的孙悟空也曾在天宫里偷吃过太上老君的金丹。

那么金丹术为什么会出现并且盛行过很长时间呢？一方面，当人类社会发展到一定阶段，生产力水平有了相当的提高，物质生活逐渐富裕时，人们追求"长生不老"和"发财致富"的愿望就会自然地萌生出来。统治阶级贪得无厌，追求黄金满库以供他们挥霍；追求长生不老，企图永驻人间。于是就有些人投其所好，从事炼制长生不老药或是炼制人造金银为统治阶级服

△ 有人说古代炼丹术开启了现代化学之门

务。另一方面，由于冶金、陶瓷工艺的发展，到了公元前4世纪，除了铜、金和银，其他许多重要的金属都已为方士们所熟知，特别是他们最感兴趣的金属——铅和汞能配制出许多金属化合物。金属和陶瓷器皿的制作技巧也已达到很高的水平，为金丹术的发展提供了丰富的物质基础。还有就是在上古时期，已有"阴阳五行说"，即金、木、水、火、土五行成万物之说。这个五行概念非常重要，几乎天地万物都可划入这五个范畴。而阴阳说认为世间一切事物，有既对立而又统一的阴阳两个方面。阴阳对立的相互作用和不断运动，就是万物以及它们变化的根据。正是在阴阳五行说的指导下，产生了炼丹、炼金术。

中国大约从汉初开始产生了炼丹术。到了汉武帝时代，炼丹术有了较快的发展。汉武帝本人就是一个热心于神仙、长生不老术的人。炼丹家李少君曾对汉武帝说："祠土可招致鬼物，鬼物到了就可使丹砂变为黄金，用炼制成的黄金做饮食器，可以延长寿命……"汉武帝听信他的诳言，就叫人用丹砂和别的药剂来试做黄金。

方士们炼丹，当时总共使用了60多种无机物和有机物。其中单质有汞、硫、碳、锡、铅、铜、金、银等；氧化物有三仙丹（Go）、铅丹（Pb3O4）、砒霜（As2O3）；硫化物有丹砂（Hfs）、雄黄（As2S3）等；有机溶剂有醋、酒等。古代炼丹术所使用的设备有10多种，如丹炉、丹鼎等。

世界上现存最早的一部炼丹术著作是东汉末年魏伯阳所著的《周易参同契》，书中既阐述了炼丹的指导思想，同时又记载了许多有价值的古代化学知识和较多的药物。

到了东汉以后，炼丹术有了进一步了发展，而且与道教结合起来。炼丹道士们炼神丹妙药多选幽谷名山，他们修炼的足迹遍及泰山、华山、峨眉山等28座名山。

从晋末到晚唐期间，我国炼丹术进入了黄金时代，上至帝王下至士大夫都受到炼丹术的影响。当时许多炼丹家认为在开始服食长生不老药以前应先锻炼成强健的体魄。唐宋两代的文人也与炼丹术有密切的关系，如李白、杜甫、白居易等。

古代许多皇帝热衷"长生不老药"，有的因服了长生不老的丹药中毒身亡。如晋哀帝司马丕为了防止衰老，沉迷于服食金丹，结果短命夭折，仅活了25岁。

炼丹的本意是荒谬的，但是在炼丹的实践活动中，部分炼丹家吸取了生产和生活的丰富经验，孜孜不倦地从事采药制药的活动，积累了大量关于物质变化的知识，认识到物质变化乃是自然界的普遍规律。特别是炼丹人大都兼搞医疗活动，他们把炼丹的药物引入医疗，丰富了我国传统医学的内容。如晋代的葛洪、南北朝时期的陶弘景、唐代的孙思邈等人，就是我国古代著名的炼丹家和医药学家。

我国古代炼丹的方法可分为火法炼丹和水法炼丹。所谓火法是指无水加热法，如葛洪在《抱朴子·金丹篇》中写道："丹砂烧之成水银，积变又还成丹砂。"炼丹家很早就开始研究水银和水银的化合物，还注意到汞和其他金属形成汞齐。葛洪不仅认识到了从丹砂制取汞，而且更为可贵的是还注意到硫和汞的可逆变化：$Hg+S \rightarrow HfS$（丹砂）。由于经常用火法炼丹，而且丹方中经常有碳、硫黄和硝石等易燃物，有时会引起火灾。炼丹家们从失火积累了一条重要经验，就是硫、硝、炭3种物质可以构成一种"火药"。大约在晚唐时期，这一配方已经由炼丹家转入军事家之手，这就为发明黑火药创造了有利条件。所谓水法炼丹就是炼丹家一方面要把金石药炼成固体的丹；另一方面又要把它们溶解为液体。一般的做法是在盛有浓醋的溶解槽中投入硝石和其他药物，这样做实际上是在酸性溶液中利用氧化还原反应和酸碱反应，溶解金属和矿物。

欧洲炼金术一开始就被封建帝王和教会操纵、利用，他们在宫廷和教堂生起炉火，驱使炼金匠日夜守候在炉旁，为他们炼制"黄金"。炼金术士对他们的方法严格保密，他们的秘方中充满着符号和隐喻。

长生不老药是中国炼丹术的推动力；而点石成金的观念是西方炼金术的主流。"长生不老药"和"点石成金"两种愿望点起了金丹术家们丹炉中的火焰，使它不停地燃烧了2000多年。

炼金术和炼丹术经历数千年之久，尽管他们的目的是不可能达到的，但是在无数次失败的过程中积累了不少化学知识和操作经验，客观上对化学、冶金学、药物学及生理学作出了相当多的贡献。

到了宋代，炼丹术开始走下坡路。由于医药事业的发展，人们开始认识到不能靠神丹妙药，而应靠药物、营养来达到健身、延年益寿的目的。

欧洲的炼金术渐渐转变为药化学，和中国的炼丹术转变为本草学的一个组成部分相似。由金丹术发展起来的许多工艺，如炼钢、炼铁、造纸、制火药等也随之得到发展，并且间接地使化学走向光明的大路。正因为如此，恩格斯把炼金术称之为化学的原始形式。

浴缸验真金之谜

公元前，古希腊有一位伟大的数学家和物理学家，名叫阿基米得，他的一生为数学和物理学的发展，作出了巨大的贡献。2000多年后的今天，当人们再谈起他时仍然十分崇敬和仰慕。

公元前287年，阿基米得出生于西西里岛（现意大利）一座叫叙拉古（现称锡拉库扎）的滨海城市。他的一生是在动乱中度过的。当时的亚历山大大帝征服了许多国家之后，于公元前332年在埃及建立了亚历山大城。从此，古希腊的学术中心就由雅典转移到亚历山大城了。阿基米得11岁的时候，远涉地中海来到这里求学，跟随欧几里德的学生学习天文学、数学和力学。

阿基米得由亚历山大回到他的故乡叙拉古后，就做了国王亥尼洛的顾问，帮助国王解决军事技术、生产、生活中的科学技术问题。由于阿基米得渊博的知识和过人的才智，因而深得国王的信任和喜爱。每当国王遇到什么解决不了的问题时，总是喜欢听听阿基米得的高见，然后再作出决定。

有一次，亥尼洛国王想要制作一顶纯金王冠。于是，他就吩咐一位手艺精湛的金匠去铸王冠。一段时间以后，王冠做成了。看着那顶精雕细刻、闪闪发光的金冠，亥尼洛国王心里十分欢喜，而且王冠的重量又恰好等于国王给金匠的金子的重量。尽管如此，国王还是起了疑心，他怀疑金匠是不是在王冠里掺了假，混进一些其他的金属（如铜）到王冠里，这可是有损国王尊贵的大事情。于是国王让阿基米得来鉴定王冠中有没有掺假，但不能损坏王冠一丝一毫。阿基米得接受了这个任务后，日夜苦思冥想，想尽了当时已有的理论和种种方法，可始终解决不了这个难题。他实在太疲倦了，想洗个澡来振作一下精神。当他跨进浴盆的时候，水位向上升起来，他再坐下去，水溢出了，他入水愈深，愈感觉到自己身体轻飘起来。实际上，人人在洗澡的时候都有这样的体会，阿基米得过去洗澡时也是如此。可是这一次，他忽然灵机一动，接着狂喜地从浴盆里跳起来，连衣服都没来得及穿，就跑到了大街上，边跑边喊："攸勒加！攸勒加！"这句话是希腊语"我找到了"的意思。阿基米得找到了什么呢？原来，他找到了辨别国王王冠真伪的方法。

在他下水的一刹那，一个思想火花在他的头脑里闪现出来，困扰他多天的那个问题有了解法。他想："我一下水，水就溢出来。如果用和王冠同样重量的纯金放入水中，两者排出的水量应该是一样的；如果排出的水量不一样，就说明王冠被掺了假。"

阿基米得先做了一个实验：拿一块金块和一块重量相等的银块，分别放进一个盛满水的容器里，看有多少水排出。他发现，虽然金块和银块一样重，但银块排出的水却比金块排出的水多。于是，阿基米得用同样的办法，拿了与王冠重量相等的金块，放进盛满水的容器里，测出排出的水量；再把王冠放进盛满水的容器里，看一看排出的水量。结果，排出的水量是相等的。也就是说，这顶王冠确实是纯金的，工匠没有欺骗国王。

国王交给的任务虽然已经完成，可是对于一个科学家来说，科学的任务也许才刚刚开始。阿基米得继续研究水和浮力的问题。最后写成了《浮体论》这一本书，这里包括著名的阿基米得定律。这个定律的文字表述是："任何浸在水里的物体所受到的浮力，等于它所排开的水的重量。"

这个重要的定律得到了广泛的应用。正是依据这个原理，人们才制造出各种各样的船只，行驶在江河湖海上。

造船的原理是：使船受到的浮力尽可能大，以使船不会沉没。依据阿基米得定律，要使船受到更大的浮力就需要使它能排开更多的水。所以小船都用木料做成，因为木料比较轻，而且船一般都是中空的舱形，可以使它排开更多的水以装载更多的重物；而大轮船的设计就更加复杂，为了增加轮船的坚固性，轮船都是用金属制成，重量比较大。因而轮船下全部都设有中空的防水舱，以使轮船排开更多的水，一旦防水舱被损坏，那后果将是非常可怕的。影片《泰坦尼克号》叙述的就是这样的一个悲剧。她的首次航行就失事了，因为16个防水舱中的5个同时漏水，船迅速下沉，造成了1500多人死亡。

阿基米得的《浮体论》，为以后的流体力学奠定了基础。

除了流体领域外，阿基米得在许多方面都有自己独到的建树。他还发现了杠杆原理和滑轮原理。他给出杠杆原理的公式是：

力×力臂=重量×重臂

有了这个原理以后，阿基米得曾经向亥尼洛王夸口说："给我一个立足点和一个支点，我能撬动地球。"虽然这不是科学家的狂妄，但毕竟是一个无法实现的事情。鉴于此，亥尼洛国王说："撬动地球的事反正没法证明，可是你得搬一个极重的东西给我看。"说来也巧，亥尼洛王正在为埃及陶乐美国王造一只大船，这艘船实在太大了，造成以后却无法把它弄下水去。这时国王想起了阿基米得说过的话，就把他找来，叫他把这艘大船移入水中。

阿基米得经过一番努力，精心设计了一套杠杆和滑轮系统，他把绳子的一端交给国王说："请陛下拉绳吧。"国王接过绳后，轻轻一拉，只见船慢慢移动起来，最后被平稳地推到了水中。这一奇迹轰动了全城，人们赞叹不已，还特别贴出布告："从今以后，凡阿基米得所说，皆应一律尊奉不误。"

阿基米得一生的发明很多。早在亚历山大城学习的时候，他就发明了阿基米得式螺旋提水器，后来他又发明了行星仪。另外，他在数学上还证明了圆球的体积是它外切圆柱体体积的三分之二，圆球的面积是它外切圆柱体面积的三分之一。

为了纪念他的功绩，后人给他树了一座奇怪的墓碑。墓碑位于意大利西西里岛的荒原上，上面没有死者的姓名和生平，只刻有一个巨大的圆柱体和它的内切球。古往今来，不知有多少人来到这个墓前凭吊这位伟大的科学家。

DNA 和遗传密码之谜大破译

孟德尔发现了生物的遗传规律，摩尔根证明了控制生物遗传和变异的基因是存在于染色体上的，遗传学到这里是不是发展到顶点了呢？当然不是，随着人类科学技术的进步和研究手段的改进，科学家们又有了新的发现。

科学家们发现，染色体是由蛋白质和核酸（主要是被称为"DNA"的脱氧核糖核酸）组成的，那么究竟是在蛋白质上携带着遗传信息呢，还是在DNA上携带着遗传信息呢？这个问题难倒了不少科学家。最终，还是一位名叫艾沃瑞（Avery）的科学家把这个问题解决了。

为了解决这个问题，艾沃瑞设计了一个巧妙的实验，叫做肺炎球菌转化实验。肺炎球菌能够引起人的肺炎和小鼠的败血病。肺炎球菌有很多种菌株，但是只有光滑型的菌株可以致病，这是因为它们外面包有一层保护性荚膜，可以防止它们被宿主的自身保护机构所破坏。艾沃瑞和他的同事们将能致病的光滑型菌株的DNA、蛋白质、荚膜分别分离出来，然后再分别同不能致病的粗糙型菌株一起注射到小鼠体内。他们发现在这三组实验中，只有注射了含有DNA组分的菌株才会使小鼠得病死亡，而其他两组均不能使小鼠得病，注射以后的小鼠仍然能够正常存活，体内也监测不到有光滑型的致病菌株的存在。这个实验说明，只有DNA才能将粗糙型菌株变为能致病的光滑型菌株，从而使小鼠得病死亡。为了更进一步验证这个结论，他们还把光滑型菌的DNA用特殊的酶处理，将DNA破坏掉，再同粗糙型不能致病的菌一同注射到小鼠体内，小鼠也能正常生活。这两个实验充分说明，DNA才是真正的遗传物质，遗传信息也携带在DNA上。

DNA是一种特别长的高分子化合物。它的立体结构一直是科学家争相研究的项目之一。美国的两位科学家沃森和克里克均在1953年提出了DNA的双

△ 沃森（左）和克里克（右）创建的DNA分子双螺旋结构模型。

螺旋立体结构模型，并因此而获得了1962年的诺贝尔生理学或医学奖。DNA的双螺旋结构模型为分子遗传学和遗传工程的发展奠定了理论基础，其影响非常深远。

通常所见的DNA，从立体空间结构上来看很像一架绕着中轴线向右盘旋伸展的长梯子，梯子两侧为两条核苷酸长链构成的扶手，扶手由磷酸分子和脱氧核糖分子交替连接而成，并向中间伸出碱基，两两相连，构成长梯的一个个横档。

DNA分子中的碱基共有四种，即腺嘌呤（A）、鸟嘌呤（G）、胞嘧啶（C）、胸腺嘧啶（T）。这四种碱基的名字很奇怪是吧？没关系，你只要记住它们的代表字母就行了。这四种碱基以不同的顺序排列，就控制了地球上几乎所有生物的各种各样的性状。想不到这么纷繁复杂、色彩斑斓的生物世界，竟然只是由这四种碱基决定的！这四种碱基中的两个碱基彼此相连，构成了DNA长梯的横档，这两个碱基就称为碱基对。所有DNA的碱基对的结合都是有一定规律的，即A只能与T互配成一对，G只能与C互配成一对。因此在DNA中，碱基对都是A－T在一起，G－C在一起，很少出现例外的情况。

DNA分子在生物体内具有什么样的功能呢？首先，DNA分子能够进行自我复制，使得亲代个体能将自己的DNA复制一份传给子代，这样就可以保持DNA在一代代个体中的稳定性。其次，我们通常所说的基因，实际上就是DNA分子长链中的一个个片段，每个DNA分子上具有很多个基因，一个基因就可以控制生物体的一种性状。基因可以控制生命物质——蛋白质的合成，使得亲代性状在后代的蛋白质结构上反映出来，并使后代表现出与亲代相似的特征。正是由于DNA这两个重要的生理功能，才会出现"种瓜得瓜，种豆得豆"的现象。

DNA分子的自我复制过程是非常复杂的，其中牵涉许多酶的活动。其复制的过程大体如下：一个DNA分子复制时，是一边解螺旋一边复制的，即DNA分子两条相互缠绕的长链，就像一条拉链，从每个碱基对的中间分开，形成两条单链，我们称之为母链；然后每条母链按照A－T、G－C的碱基配对规则，以每条母链作为合成子链的模板，从周围环境中选择合适的碱基和其他成分，形成了与两条母链分别相互对应的子链；与此同时，每条母链同与自己相对应的子链结合，形成了与原来DNA分子一模一样的子代DNA分子。

DNA分子控制蛋白质的合成过程也是极其复杂的，其中还需要另外一种核酸作为"中间人"才能完成，这种核酸叫做核糖核酸，一般称为"RNA"。RNA分子是一条单链，形状很像一条拆开的单链DNA分子。遗传信息的传递就是从DNA经由RNA，再按照遗传密码的规则，将氨基酸有顺序地排列、连接在一起合成蛋白质，并将遗传信息表现在这种蛋白质的氨基酸排列顺序上。

什么是遗传密码？这是一个大家都非常感兴趣的问题。

科学家们早已揭示，在生物体内蛋白质的合成过程中，RNA上的三个碱基能够决定一个氨基酸，这就是遗传密码，决定一个氨基酸的三个碱基就称为一个密码子。就这样经过了许多科学家的努力，大自然终于向人类展示了由RNA合成蛋白质过程中最大的机密。经过多个实验室的科学家的共同测定，我们已经明确了很多遗传密码的确切含义。例如UCU代表丝氨酸，CUU代表亮氨酸，GGU代表甘氨酸，CCA代表脯氨酸等。现在我们已经将决定20种氨基酸的所有密码子都测定出来了，科学家们将这些密码子编成了一本十分独特的字典——遗传密码字典。在这本字典中有64个密码子，在这64个密码子中，AUG密码子不仅是蛋氨酸的密码子，而且也代表着蛋白质合成的起始信号，没有它，蛋白质的合成就不能开始；U、UAG和UGA三个密码子是蛋白质合成的终止密码，是终止蛋白质合成的红色信号灯，它们三个不代表任何氨基酸。

虽然遗传密码词典不是很大，但是它却几乎控制着生物界中所有生物的蛋白质合成。我们所得到的这本词典，在整个生物界都是通用的，不管是植物、动物还是微生物，它们几乎都使用同样的遗传密码来合成自身的蛋白质。

生物体生长发育的过程中，细胞核中的遗传物质DNA经过复制，将遗传信息传递给了子代，这样就使得子代能够保持亲本的性状。但是由于许多外部或者内部的原因，使得DNA在复制的过程中，碱基对的排列顺序发生了改变，这样就会使子代在某些性状上发生了改变，这就是基因突变。有一种患镰刀型贫血症的病人，这种病人血液中的红细胞由正常人的圆饼形变成了镰刀形，使得其携带氧气的能力大大降低，会造成病人严重贫血甚至死亡。为什么会发生这种变化呢？原来，这种病人在控制合成红细胞中血红蛋白分子的基因中，某一个部位的三个碱基CTT中的一个碱基T突变成了A，从而使得这三个碱基变成了CAT。就是这种小小的改变，竟然导致了血红蛋白分子在合成的过程中，本来应该是谷氨酸的这个部位却变成了缬氨酸，红细胞便由正常的圆饼形变成镰刀形了。你看，一个小小的不起眼的基因突变造成了多么严重的后果！

造成生物遗传性状发生改变的还有一个原因，那就是染色体发生了变异。染色体变异包括细胞中染色体成倍的增加或减少，以及细胞中某条染色体增加或减少。在高等植物体内，一半以上的植物是含有两组染色体的，称为二倍体。但是也有许多植物细胞中含有两对或两对以上的染色体，这样的植物就叫做多倍体植物。多倍体植株一般叶片、果实和子粒都比较大，但是结实率较低、发育延迟。我们可以通过人工诱导多倍体植物的产生，并再运用其他手段对多倍体植物进行改造，来培育新的植物品种。

气候之谜

　　气候是指地球上一个地区许多年里大气的一般状态以及它的变化特征，是各种天气现象综合的表现。我们常听到的还有一个词——"天气"。气候和天气都属于大气过程，但是我们谈论气候时说的是很长时间里的大气过程；而天气则是指瞬时或者短时间里的大气状况。"气候"一词来自于古希腊文当中，它原来的意思是"倾斜"，就是说各个地方的气候的冷暖与太阳光线的倾斜程度有关。在中国古代，"气候"这个词指的是时节，一年分为二十四节气、七十二候，每个候都有各自的自然特征。

　　在赤道附近，南北回归线之间的热带地区，太阳在头顶上移来移去，终年高温炎热，既没有寒冷的冬天，也没有明显的春季和秋季。而在两极地区终年冰雪覆盖、寒冷异常，不少地方1月份的平均气温在−40℃以下，生活在北极圈附近的因纽特人可以用冰砖来建造他们的房子，可见气候是多么严寒。而在热带和寒带之间的温带地区里，气候既不像热带那样炎热，也不像寒带那样寒冷，春夏秋冬四季分明。为什么呢？原来，这是由于太阳辐射在地球表面上分布不均匀，给各个地方输送的热量不同，于是形成了从赤道到南北两极，由热带到寒带的纬向气候带。另外，由于海陆位置的不同，地表面的性质也不同，在同样的太阳辐射下，它们增温和散热的情况也会大不相同，在同一纬度的大陆东西岸和内陆地区可以出现不同类型的气候。即使同一地区，由于地形的变化也可能出现小范围的自然区域气候，比如山地气候、沙漠气候等。

　　气候是一种复杂的自然现象，气候条件不仅决定着土壤、植被类型的形成，改变着地球表面的形态，也影响着人类的活动。优越的气候条件是一种宝贵的自然资源，可以造福人类。我国江淮一带之所以能够成为"鱼米之

△ 非洲热带草原

乡"，就是因为那儿降水丰沛、气候适宜。而恶劣的气候条件会给人类造成灾害。

气候并不是稳定不变的，由于地球自转，太阳朝升夕落，晚上地面会损失热量，有的地方昼夜温差可达到30℃，像新疆一带就有"早穿皮袄午穿纱，围着火炉吃西瓜"的说法。另外由于一年内太阳直射点在南北回归线之间来回移动，各地的温度和降水也会出现有规律的季节变化，表现出一定的气候特征。在更长的时间范围内，整个地球上的气候也会出现冷暖的变化，使得地球的面貌发生极大的改变，成为许多科学家来研究的课题。

人类也可以改变气候。近几十年来，由于人类社会经济的飞速发展，对煤、石油、天然气等矿物能源的大量消耗，使得大气中的二氧化碳、甲烷等温室气体迅速增加，形成了温室效应，造成全球气温的上升、气候变暖。而人类对森林的盲目采伐，造成森林大面积消失，森林还原二氧化碳的能力日益衰弱，削弱了森林维护生态平衡、抵御自然灾害的能力。现在，气候问题越来越受到全世界人民的关注。1992年6月，联合国环境与发展大会在巴西的里约热内卢召开，大会上签署了联合国《气候变化框架公约》。人们正在为防止气候恶化采取行动。

根据我国科学家竺可桢的研究，近五千年来我国曾出现过四次温暖期和四次寒冷期，它们是交替、周期性地出现的。另外，据说位于北极圈附近的格陵兰岛在900年前的中世纪温暖期，也称海盗时期，曾经被海盗所占领，在岛上种植植物，所以格陵兰岛的英文意思就是"绿色的土地"。而今天，它只是一块常年在冰雪覆盖下的沉睡的大地。这些事实说明了：随着时间的推移，世界各地的气候状况是会发生很大的变化的，这种变化，就叫做气候变迁。

就全球范围的气候变迁来看，自地球形成以来，地球上的气候曾发生过几次大的变迁。研究表明：现在的热带地区，在几亿或几十亿年前，曾出现过寒冷的气候。那时候地球大部分为冰雪覆盖，被称为大冰期时代。相反，现在极为寒冷的地区，也曾有过很温暖的气候，那是温暖的间冰期时代。整个地球都经历过冰期与间冰期交替的巨大变化，这使得全球的海平面高度也相应变化，升降幅度达100米左右。而地球上的生物圈更是受到很大的冲击和影响，有些生物灭绝，有些生物的分布发生了变化。地球的整个面貌都发生了翻天覆地的变化。

那么人类是如何知道远古时代气候变化的呢？仪器观测的气候记录，最长不过两三百年。在这之前的情况，人类就只有通过历史记录（比如考古发掘物、历史文献等）和天然的气候记录（像树木年轮、地层中的生物化石、植物孢粉等地球气候变迁遗留下来的痕迹），把气候记录延长到没有仪器观测的年代。可是天然气候记录有连续的，也有间断的，而且适用的范围、研究的时期以及在气候上的意义也不相同。时期越早，能留下的古气候记录也会越少。所以，古气候研究就是要寻找古气候的证据和用各种各样的方法确定证据的年代。

了解过去，是为了展望未来。人类最初只能被动地适应气候，本能地利用气候资源和躲避气候灾害。随着生产的发展和科学技术的进步，人类已经逐步掌握了气候的分布和变化规律，同时也在深刻地影响着气候的变化。由于气候不仅影响着人类的生产和生活，还会影响到与人类密切相关的环境等各个方面，所以人们格外关心未来全球的气候变化，也就是气候预测的问题。

近些年来，全球变暖一直是人们关注的热门话题。由于人为活动释放出大量的温室气体，导致了全球的温室效应，使全球变暖，冰川融化，现代海平面每年约上升1.5厘米左右。温室气体主要有二氧化碳、氯氟烃、甲烷、一氧化二氮等。作为温室气体中的主要气体，二氧化碳在大气中的浓度逐年上升。从南极洲冰川气泡中测出200年前（工业革命时期）的二氧化碳浓度与现在大气中的二氧化碳浓度对比，发现工业革命后大气中二氧化碳浓度迅速上升，导致全球变暖，引起海平面上升，使得陆地上的低洼地被淹没，沿海一带的环境恶化，自然灾害增多，全球动植物的生长范围、分布地区发生重大变化，一些地区粮食减产，疾病肆虐……对人类的生存环境、社会经济都产生了重大的影响。

气候预测要根据过去气候的演变规律，推断和把握未来几十年、几百年全球气候变化可能的趋势，是一个非常复杂的综合性科学问题，不但涉及天文、地理、生态、地球化学等各门学科，还要考虑到人类活动对气候变化的影响。研究全球的气候变化，正在受到越来越多的人的重视。

全球气候变暖之谜

在美国2000年总统大选中获得胜利的小布什，新上任不久就宣布：美国不再履行"京都协议"。一石激起千层浪，小布什这一决定引起了各方面的不满和震惊。许多民间团体、政府组织纷纷指责美国的做法。人们的反应为什么如此强烈？原来，1997年12月，来自世界160个国家的代表，在日本京都召开了联合国气候变化框架公约第三次缔约方大会，会上通过了一份《京都议定书》。该议定书规定：在2008年至2012年期间，发达国家的温室气体排放量要在1990年的基础上平均削减5.2％，其中美国削减7％，欧盟8％，日本6％。当时的美国政府在议定书上签了字。该协定书只有在55个国家批准协议后，才能生效（这55个国家二氧化碳排放量占1990年二氧化碳排放总量的55％）。由于在执行的规则、条件等细节上争论不休，议定书的实施本来就困难重重；小布什的决定更令其雪上加霜。目前，美国释放的温室气体占全球总排放量的25％，而温室气体被认为是破坏臭氧层，导致气候变暖的主要因素。在这种情况下，难怪人们对美国政府为维护本国利益而置全球环境于不顾的做法感到愤慨。

其实，《京都议定书》也罢，愤慨也罢，它们都反映了人类对不断恶化的生存环境的担忧。19世纪以来，随着工业文明的广泛传播，环境问题日益凸现，反常的气候及影响正引起越来越多的关注——现在，人们的普遍感受是气候越变越热，暖冬，酷夏，及与之相伴的高温、洪水、干旱、飓风等，凡此种种，无不引起人们的忧虑。包括美国前总统卡特、当代的"爱因斯坦"霍金在内的许多人都认为：气候变化是今后100年里人类面临的最危险和最可怕的挑战，这并非危言耸听。科学家们经长期观测，根据大量现代气象站提供的数据指出：20世纪以来全球气候明显变暖，1900—1950年是一个显著的温暖期，1950—1975年间出现过波动，20世纪80年代后则出现了20世纪的第二个温暖期。现在全球平均气温比20世纪初上升了0.5℃，是过去600年最温暖的时期。1999年3月，美国马塞诸塞大学和亚利桑那大学的研究人员在《地球物理通讯》月刊上发表文章说，他们通过研究对树木年轮、两极冰芯等记录气候变化的"替代标志"的测量结果发现，20世纪全球气温在逐步升高，20世纪90年代是这个千年中气温最高的10年，1998年是迄今气温最高的年份，这一年地球平均表面温度比1961年至1990年间的平均温度高0.58℃。

自然界中，气候变暖的迹象随处可见，最明显的例子是全球山地冰川一直节节后退。意大利境内的100多条冰川，在1925—1950年间有80％处于后退状态；中国的天山冰川在20世纪上半叶后退了100多米；普若岗日冰原在近20年间退缩了50米。不仅山地冰川，世界上著名的雪山同样面临着危机。2001年，美国的《科学》杂志公布了一项令人不安的研究结果：乞力马扎罗山峰的雪很可能将在未来的20年内完全融化。美国作家海明威曾有一段著名的描述："（它）像整个世界一样广阔无垠，在阳光下显得那样挺拔、雄伟，且白得令人难以置信，这就是乞力马扎罗的方形山巅。"杂志引述这段话之后，颇为伤感地告诉人们，"这些由海明威所描绘的令人难忘的景色，在未来的20年中很可能将消失得无影无踪。从20世纪初期开始至今，这座非洲的最高峰上已经融化了80％以上的冰雪。"

还有欧洲南部的阿尔卑斯山，专家们预言30年后其白雪皑皑的景象也会消失。另外有卫星图像显示，1998年11月以来，南极的拉森陆缘冰和威尔金斯陆缘冰一直在"全面溃退"，它们分别减少了1174平方公里和2200平方公里。与此同时，海冰也在大量融化。据统计，20世纪中，北半球的海冰面积减少了10％以上，而南极的海冰面积仅在1973—1980年间就减少了250万平方公里。

和无生命的自然景观相比，气候对各类物种的影响尤为明显：1997年及1998年间，太平洋水温上升了3.3℃，大马哈鱼种群数量大幅度下降；加拿大哈得孙湾的海冰，在春季融化的13期逐渐提前，使北极熊产仔减少；北美洲的一种蝴蝶100年内已向北迁移了100千米。英国《自然》杂志援引科学家的调查报

△ 全球气温变暖引发北极冰川大面积融化

告说，过去50年中由于异常高温不停地袭击南极附近海域，大企鹅的数量已下降了一半多；这种身高可达90公分，体重超过29公斤的企鹅实在可怜……

对气候变暖感受最深的恐怕还是人类在1998年5月，印度出现了50年内最热的天气，2500多人因此丧生；同年夏，美国达拉斯的气温高达37.7℃，并持续了29天；2000年，中国西藏大部分地区气温偏高2℃~4℃，雪域高原的人们第一次有不穿棉衣过春节的经历；2001年6月4日，被誉为避暑胜地的中国哈尔滨市最高气温达到39.2℃，为该市有气象记录以来的最高值。

全球气候究竟为什么会变暖？这种状况还会继续多久？科学家们对此看法不一。有一种观点认为，20世纪气候变暖是自然演变的结果，是"小冰期"气温回升的延续。45亿年的地球历史证明，在人类社会诞生前的漫长岁月中，气候一直以不同尺度和周期冷暖交替变化，距今250万年的第四纪中便有多个尺度的冷暖变化。在周期为10万年左右的冰期里，气温变幅为10℃；周期为2万年的，气温变幅为5℃。在近1万年中，有千年尺度的气候变化，气温变幅为2℃～3℃；百年尺度气候变化的变幅为1℃～1.5℃；十年尺度气候变化的变幅是0.3℃～0.5℃。一句话，现在的气候变化属于正常，它受自然规律的支配，到一定时期还会转冷。

但越来越多的人不同意上述观点。他们认为，从根本上讲不是大自然的所谓演变，而是人类的活动造成了这一切。工业革命以来，人们利用地壳中储存的太阳能，大量开采煤、石油、天然气，致使生产用能、生活用能大大增加。这些能量散发到大气中，直接增热了地表。人们还开垦荒地，破坏森林，使生物固碳作用降低（研究表明原始森林比农田固碳作用大20～100倍）。最重要的是，人类活动释放出了大量的温室气体（大气保温气体），这类气体透过太阳的短波辐射吸收地表增热后发出的长波辐射，从而使大气保持较高的温度。大气保温气体中除了二氧化碳，还包括甲烷、一氧化碳、氧化二氮、氟利昂等气体。有观察结果显示，目前大气中的二氧化碳含量已比工业革命开始时增加了三分之一。

一个权威性的政府组织IPCC在进行了大量详尽的研究后明确指出，大气中二氧化碳含量的增加是全球变暖的主要原因。过去100年里，由于二氧化碳的增加，全球气温已上升了0.56%。美国俄勒冈大学的科学家最新研究发现，从恐龙时代起大气中的二氧化碳浓度就与地球的气温变化密切相关。他们在对远古树叶化石进行分析后认为，至少在过去3亿年里，大气中二氧化碳含量的变化和全球气温升降的曲线比较吻合。

不过应该承认，气候是一个极其复杂的系统，影响气候变化的因素总是多种多样。有人强调，尽管20世纪的气温呈上升趋势，但曲线的变动与二氧化碳浓度的增加仍有不一致的地方。比如在20世纪的40—80年代，世界气候曾出现了波动，这期间有过降温的过程。他们认为，地球自身的反馈机制对气候的重大影响同样不容忽视。比如大气增温会造成海水增温，大气与海水的热交换增强，大量热量被海水吸收之后，海水溶解二氧化碳的量也会相应增加。气温增高后，地球上的生物总量可能增加，许多寒冷地带的植物生长期变长，植物带向高纬度推移，在此情况下森林将大量吸收二氧化碳，并延长其返回大气层的时间。另一方面，极度湿润的天气会导致植物残体分解不充分，当残体以泥炭的形式储存到地壳时，碳元素也完成了生物圈-地圈的转化。气候变暖是促进还是削弱碳元素的这种生物成矿作用，科学家们目前还不能回答。

此外，水蒸气的作用也需考虑。气温升高后，将有更多的水从海洋里蒸发出来，大气中的云量相应增加，积云等较低的云会反射、散射大量的太阳辐射，这样将在一定程度上缓解二氧化碳的增温效应。再者，二氧化碳的来源非常广泛，人类的工业生产、自然界中的火山喷发，都会产生大量的二氧化碳。只有弄清这诸多因素的相互作用及综合效果，人类才有可能正确预测未来气候的变化。

当然也有人从不同角度出发，认为造成温室效应的罪魁祸首是水蒸气。还有人猜测，不久的将来地球的某些地区会变冷，理由是如果气温进一步升高，当两极冰川融化成淡水流入北大西洋后，会使海水的盐分降低，冰点上升，导致向北运送暖空气的"传送带"停止运转，从而令某些地区变冷，这种现象的不断发生将使世界进入"斑驳冰川期"。

尽管目前人们对气候系统的认识尚浅，有关气候变暖的不确定性很多，但有一点是确信无疑的，即全球气温正在上升，21世纪全球变暖现象将比20世纪更加显著。越来越多的证据表明，人为因素对气候的影响正日益显著。IPCC的科学家们利用电脑对收集的人口增长预测、经济增长预测、技术发展预测等大量相关资料进行分析处理，并根据未来100年排放到大气中的二氧化碳数量的35种估计值（范围从60亿吨到350亿吨），采用了7种不同模型模拟全球气候变化。他们最后得出的结论是：未来100年气温可能增加$1.4℃ \sim 5.8℃$。如果真是这样，后果将不堪设想。因为全球气温哪怕上升$1.4℃$，都会引发许多自然灾害，更不用说$5.8℃$了。

气候变暖导致的最直接后果就是海平面上升。IPCC估计，21世纪中随温度的升高，海面将上升9～88厘米。而假如海平面升高1米，埃及国土的1%、荷兰国土的6%、孟加拉国国土的17.5%、太平洋中马绍尔群岛的80%都会被淹没。海面上升的同时，洪水泛滥会更加频繁，热带风暴也将愈加肆虐。20世纪后期，全球变暖已使热带风暴的强度加大（气温升高后低强度热带风暴可转化为高强度的热带风暴）。2000年，孟加拉湾受到热带风暴袭击，上百万人无家可归；而据联合国统计，世界上目前有四分之三的人生活在靠海洋30公里的地带。

海平面上升还将影响淡水的供应。现在，全球大约有20亿人面临缺水境地，到2050年水荒将危及世界一半以上的人口。水资源的紧缺会使邻近的国家之间发生争议甚至爆发战争。持续的炎热还会为各种病原体微生物的滋生繁衍提供条件，疟疾、登革热等疾病可能大面积反复流行。气温升高也会使全球生态系统向极地移动，移动过程中，都市、公路等大量人造设施的阻碍，将使原有的生态平衡不可避免地受到破坏。

气候变暖对发展中国家的影响尤为严重，因为它们的经济偏重于和气候密切相关的产业，如农业；再加上财力、技术力量、自然资源的匮乏，全球气候变化很容易令它们陷入困境。一些富国甚至有可能利用先进的技术，制造出抵御气候变化的产品，赚取穷国的钱，使"穷的越穷、富的越富"。特别是非洲国家的发展，在未来将受到严重制约。20世纪70年代以来，非洲北部连年干旱，22个国家、2.5亿人口遭受了20世纪最严重的粮食危机。不仅是人类，随着气温的升高，各种物种的生存同样面临着挑战。它们的生态环境，生态模式正在发生非常危险的改变。

如此看来，世界对于气候变暖再也不能犹豫、观望、等待了。所谓"全球气候变暖的不确定性"，不应成为少数发达工业化国家放纵自己的理由。他们在200多年的工业化过程中得到的太多，而工业化的负面影响则让全世界承担。1992年的《里约热内卢宣言》中提出了一项原则：对于严重的或不可逆转的破坏性威胁，缺乏完全的科学确定性不能作为延迟的理由；因为越早采取措施，危险就越低，所付出的代价也就越小。不利因素正以指数形式成倍地增长。最大限度地减少大气保温气体的排放，使用清洁高效的能源（如太阳能、风能、核能）是当务之急。据最新消息称，由于受气候变暖、海面上升的困扰，南太平洋岛国图瓦卢打算举国迁往新西兰。不管是否得到证实，这确实是一个危险的信号。其实说到底，还是那句老话：人类只有一个地球。道理谁都懂，问题在于该如何去做。

金刚石会燃烧吗

说起金刚石，人们马上会联想到它绚丽的光彩和昂贵的身价，它以无与伦比的魅力独享"宝石之王"的美称。用天然金刚石打磨成的钻石，镶嵌在戒指或项链上，光彩夺目。由于在自然界里金刚石很稀少，一般以克拉表示金刚石的重量，1克拉为0.2克。当今英国女王的皇冠上就镶有一颗重103.65克拉的钻石，其价值连城。

金刚石是什么？人们在向往拥有钻石的同时，也很想知道这神奇的宝石是由什么材料构成的。

1776年，法国著名化学家拉瓦锡把金刚石放在玻璃罩内，用巨大的凸透镜将日光聚焦在金刚石上，在日光的高温作用下，金刚石变得越来越小，最后全部消失了。拉瓦锡据此断定，金刚石与碳有关系，但他却没有贸然宣布他的结论。

1797年，英国化学家钱南重复做了这个实验，他用金子做了一个密闭的箱子，在箱子中充满氧气，然后把金刚石放在箱子中燃烧，待燃烧结束后，测定箱子中气体的成分。结果令他很惊奇，箱子里面的气体竟然是二氧化碳！钱南还对金刚石燃烧产生的二氧化碳气体的重量进行了测定，他根据测定结果指出，除非金刚石是纯碳，它是不可能产生这么多的二氧化碳气体的。这个实验证明，金刚石是由碳元素构成的。人们恍然大悟，原来金刚石和烟囱里的烟炱、木炭等一样，都是由同一种化学元素组成的！这个结果使人们大吃一惊，但仍然有不少人对此持怀疑态度。因为，光彩夺目的金刚石和黑色的烟炱、木炭在外观及价值上实在是相差太远了。

制造铅笔芯的原料石墨是纯碳的另一种形式。虽说都是由同一种化学元素组成的，但金刚石和石墨的脾气却大不相同。金刚石晶莹透明，坚硬无

△ 金刚石

比，可用来切割玻璃，也可做光学材料。用金刚石做钻探机的钻头，钻探速度快、进尺深，是名副其实的向地层深处进军的开路先锋。而石墨却又黑又软，在纸上一划便留下一条黑道道，因而它是做铅笔芯的理想材料。金刚石和石墨，为什么会有如此大的差别呢？这是因为在它们的内部，碳原子的排列方式不同。在金刚石中，碳原子排列非常规则，每一个碳原子跟其他四个碳原子以很强的力结合在一起，这样许许多多碳原子连接在一起后，便形成了一个巨大的分子。要想拆开这么多的碳原子使它改变形状，需要花费很大的工夫，十分困难。所以金刚石坚硬，是"硬度之王"。可是，石墨的情形就不同。在石墨里，碳原子是一层层地排列的。在同一层里，碳原子手拉手形成六圆环，各个环相互紧密地连接在一起，好像用六边形瓷砖铺嵌地板一样。与同一层内相邻碳原子之间的距离相比，层和层之间的距离要大一倍多，这样各层间的结合并不是很牢固，它们彼此很容易滑动。所以，石墨质软光滑。

像金刚石和石墨这样，由同一种元素形成两种不同单质的现象称为同素异形现象，金刚石和石墨就是碳的两种不同的同素异形体。除上面所说的外，金刚石还有许多重要的用途。金刚石具有耐辐射和耐高温的性能，用金刚石薄膜涂在其他物质的表面，可阻挡放射性物质的破坏。金刚石的导热性良好，若将它用作大规模集成电路的基体材料，元件密集后的散热问题就可以轻而易举地得到改善等。但是天然金刚石的储藏量是有限的，既然金刚石和石黑的组成相同，能否用人工的方法把石墨变成金刚石呢？经过几十年反复试验，1955年科学家们在3000℃高温和超过109帕的压力下，首次将石墨转变成了金刚石，从而再次证明了金刚石是由碳元素组成的。从此以后，人造金刚石的方法日新月异。目前，人造金刚石在质量和性能方面都与天然金刚石不相上下了。

20世纪80年代，美国科学家在极高的温度下，用激光轰击石墨靶，得到了碳的另一种同素异形体——C60。它具有类似足球的空心闭合笼状结构，是由12个正五边形和20个正六边形组成的多面体分子，该多面体有60个顶点、由60个碳原子组成。由于它很像一只足球，所以大家习惯地称它为"足球烯"或"球碳"。C60分子的发现，带来了全球性的"球碳"研究热潮。现在化学家们通过不同的方法，已经分离或合成出许多类似的碳单质，如C28、C32、C50、C70、C90、C240、C540等，它们同样都具有像C60那样的空心球状结构。不仅如此，在这种空心球状结构中，各碳原子之间的价键都是弯曲的，这打破了价键是直键的传统观念，为我们揭开了碳化学的新篇章。不过，化学家最感兴趣的还是球碳的特殊结构，他们通过各种方法，试着往这些空心球状物质中加进各种金属原子，使之具有超导性；往里面加进各种离子，使球碳成为带电的球体等。他们也尝试着使球碳的碳原子接上不同的原子和基团，使之生成各种各样的球碳衍生物。这一全新化合物的开发，将结合成化学带来什么样的变化，化学家们正在密切关注着。化学家们将会不断地对它进行各种各样的研究，使之为人类所利用。

要说金刚石和石墨在化学组成上是完全相同的东西，似乎荒谬可笑，但事实确实如此。金刚石既然是由碳元素组成的，金刚石会燃烧就不足为怪了。从金刚石燃烧，人造金刚石到球碳的发现，经历了一个漫长的过程，后来人们证实炭黑和烟炱中就存在有C60，这给人的启示是非常深刻的。人们发现如此熟悉的碳的世界里，居然还有未被认识的地方，由此看来，我们既不能被物质的表面现象所迷惑，也不能忽视某些熟悉而又简单的东西。只有凭借"思考"的头脑，"审查"的眼光，人们才可能去开发和认识那些尚未了解的地方，从而使认识水平不断提高。

见光变色的玻璃之谜

　　玻璃，是我们生活中不可缺少的一种材料。各种建筑物的窗子、灯罩、灯泡，生活中常用的玻璃瓶、玻璃杯、玻璃镜、玻璃板，化学及其他科研工作用到的各种玻璃仪器等，都是玻璃的杰作。

　　发现玻璃的历史比较悠久，相传在5000多年前，古埃及人偶然发现在烧饭后留下的灰烬中有一些透明、光滑、发亮的珠子，这是世界上最早出现的玻璃，是烧饭时草木灰和沙粒在高温下发生了化学反应后形成的。从此，人们学会了人工制造玻璃的技术。

　　现在，一般制造玻璃的主要原料是石英（SiO_2）、石灰石（$CaCO_3$）和纯碱（Na_2CO_3）。将这些原料研碎成粉末，按一定的比例混合，放在熔炉里加强热熔炼，这些原料便发生化学变化成为熔化的玻璃，加工后即可制成普通的玻璃。由于石英的用量最多，所以普通玻璃的主要成分是硅酸钠（Na_2SiO3）、硅酸钙（$Casio_3$）和石英熔化在一起所得到的物质。跟金属相比，玻璃虽有易碎的毛病，但却有个奇特的性质——把它加热后，它便逐渐软化直至熔融。因此加工玻璃时，都是在软化或熔融状态下，用吹或压的方式将它制成各种形状，待冷却后玻璃便固定成形了。

　　随着科学技术的不断进步，玻璃生产发展很快。现在玻璃的品种越来越多，其用途也越来越广，如变色玻璃就是其中的一个典型代表。在骄阳似火的夏季，人们外出时常会戴上太阳镜或变色眼镜。这种眼镜能防止强烈阳光对眼睛的刺激，使人看东西更加柔和，起到保护眼睛的作用。小小的眼镜，为什么会有这么大的本事？

　　原来，太阳镜的镜片是由一种特殊的玻璃制作的，它具有奇特的光色互变的性能，能够随外界光照的强弱而自动改变颜色的深浅。经紫外线或日光

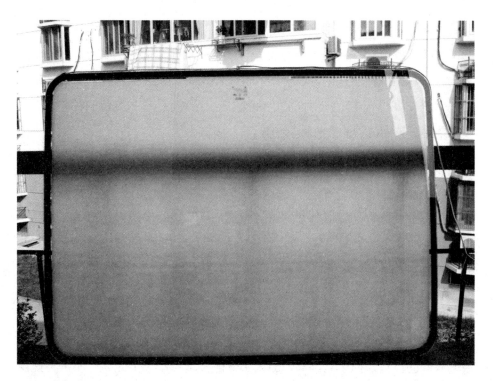

△ 变色玻璃

照射后，这种玻璃的颜色就会变暗，一般外界光越强，它变色越快，颜色加深，透光率下降。而当外界光照去除后，它又能恢复到原来的颜色。这种随光变色的玻璃，叫做光色玻璃或光致变色玻璃，人们习惯称它为变色玻璃。

变色玻璃是如何变色的呢？要弄清楚这个问题，就必须知道它和普通玻璃有什么不同。这种变色玻璃是以普通玻璃的成分为基础，在其中加入一定量的卤化银微小晶粒，如氯化银、溴化银、碘化银或它们的混合物，再经过熔制退火和适当的热处理制成的。卤化银是一种见光能分解的物质，它在光照射下便会分解成卤素和金属银，其反应为：

$2Afx \rightarrow 2Ag+X_2$ 生成的无数不透明的黑色微小银粒，密密麻麻地分布在玻璃内部，它对可见光区域的各种波长的光均有相同程度的吸收，使玻璃颜色变暗。光线越强，生成的银粒越多，对光的吸收越强，玻璃的颜色也就越深。为什么没有阳光照射时，变色玻璃的颜色又会变成浅色呢？原来在制造变色玻璃时，还要加进极少量的铜、锡、锑、砷等的氧化物。由于玻璃本身的惰性和不渗透性，分解出来的卤素和银粒被紧紧地束缚在原地，只要光照减弱，银和卤素在氧化铜等氧化物的催化作用下，又会重新化合成卤化银：$2Ag+X2→2Afx$于是变色玻璃的颜色就变浅。所以变色玻璃变色的秘密在于：不同条件下，卤化银的分解和重新化合。

明白了变色玻璃的光色互变原理，我们可以将它当做"特殊相纸"使用。如在一块变色玻璃上贴上一幅剪纸图案，然后放在光下照射，不一会儿，玻璃上便会出现黑白分明的剪纸图像，再将这块玻璃置于暗处，图像就会消失，玻璃又恢复原样。与普通相纸不同的是，变色玻璃可以重复使用。

现在，变色玻璃的应用已经非常普遍。除用于制作变色眼镜外，它还是汽车、飞机、轮船等挡风玻璃的最佳材料。例如将它安装在汽车上，无论车外光线怎样变化，车内光线的变化也很小，这样既可保护驾驶员的视力，也可使车内的乘客免遭太阳的强辐射。在建筑行业，变色玻璃还可作为门窗、玻璃墙壁的材料，由于它能够随着太阳光的强弱自动调节光亮，不需再挂窗帘挡光，被人称为"玻璃窗帘"。

利用卤化银见光分解的性质，就能制造出不同凡响的变色玻璃，这其中既有科学家们的辛勤劳动，也有他们聪明才智的巧妙发挥。做任何科学研究，除了需要刻苦的精神外，还应该具有这种"巧"劲。

其实，玻璃家族中还有许多新成员，如"微晶玻璃"，它具有耐高温（1300℃才软化）、耐腐蚀、耐热冲击等性能，可作现代导弹头的雷达罩和特殊轴承等。又如"玻璃光导纤维"，可传递光束或图像等信息，常用作光通信材料。此外，还有导电玻璃、光敏玻璃等。总之，各种各样的玻璃，色彩缤纷，光怪陆离，为美化人们的生活发挥着重要作用。

人工降水的奥秘

大自然中最变幻无常的莫过于天气了，"天有不测风云"，说的就是这件事。我们知道，水是地球上一切生命的基础，农作物的生长不能没有水。过去，每逢干旱季节，眼看着庄稼就要干死了，人们盼雨心切，唯一能做的就是不断祈求上苍，希望老天爷能够下几场及时雨。然而时代不同了，现在人们依靠科学技术，能够有效影响和控制天气，达到降雨、降雪的目的。这一"呼风唤雨"的杰作，是由美国物理化学家欧文·朗缪尔首先实现的。

有时天空中虽布满乌云，可就是不见下雨。在什么条件下，天空中的水蒸气和云雾才会变成雨呢？为了干旱季节免受缺水的痛苦，人们便接一些雨水或雪贮存起来，可是看似干净的雨水和白雪中却含有不少尘粒，这是怎么回事呢？还有当飞机在高空中飞行时，机翼上往往会结上一层令人恐惧的冰。这些常见而又费解的现象，引起了欧文·朗缪尔的注意，他决心要弄个明白。

1940年，欧文·朗缪尔和他的助手谢弗开始研究云雾和飞机结冰问题。为了了解大气中水蒸气的情况，他们使用普通的冰箱，通过往冰箱中加尘埃、使冰箱内温度降低的办法，来观察冰箱内水蒸气是如何冷凝成冰的。但是，实验一直没有多大进展。可他们并不气馁，继续研究。1946年7月的一天，天气非常炎热，为了使冰箱快速降温、并能很好地保持低温，他们考虑往冰箱内放入少量的干冰。干冰是固态二氧化碳，其熔点为−78.5℃，比普通冰（0℃）低很多。常温下干冰融化时可迅速转化为二氧化碳气体，不像冰融化后会留下水迹，弄得到处湿漉漉的，故得名"干冰"。干冰迅速转化为气体时需要吸收大量的热，使其周围空气的温度急剧降低，因而干冰是较为理想的制冷剂。当欧文·朗缪尔等人刚把一些干冰放入冰箱中，奇迹发生了，冰箱内出现了大量的小冰粒，这些小冰粒在冰箱内飞舞盘旋，纷纷扬扬，就像正下着一场雪。这奇妙的现象引起了欧文·朗缪尔等人的极大兴趣，他们反复实验，并进行了仔细的分析，终于明白了其中的道理。

原来，降水来自空气中的水蒸气。温度越高，空气中能够容纳的水蒸气就越多。当温度下降时，大气中的水蒸气就会凝结起来，形成直径只有0.01毫米的微小水滴或冰点，这许许多多的微小水滴或冰点便构成了我们所见的云雾。但这些微小的水滴或冰点很不容易长大，能够长时间悬浮在空中，因此即使温度较低，乌云满天，也不见下雨，并且当温度稍微有所升高时，这些微小水滴或冰点又很容易蒸发变成水蒸气。欧文·朗缪尔等人经过反复实验得到如下的结论：冰箱内的水蒸气可以凝聚在尘埃的周围，最后变成冰；将干冰放入冰箱，干冰不仅可以降低冰箱内的温度，而且可以使水蒸气在它的微粒周围凝聚，形成冰和雪。因此他们进一步认识到，尘埃和干冰为水蒸气提供了一个凝聚中心，称它为晶核或品种，这个晶核可以促使水蒸气冷凝成水或冰。这就是说，水蒸气要冷凝成水或冰，除了需要降低温度外，还需要有能够吸附水滴和冰晶并有利于其生长的小颗粒，尘埃和干冰就是起这种作用的小颗粒。明白了这个道理，我们就不难理解，雨水和白雪为什么是不干净的。原来空气中存在有尘埃微粒时，空气中的水蒸气极易凝聚在尘埃的周围，形成比微小水滴或冰点较大的小冰晶，小冰晶一旦生成，水蒸气就会在冰晶表面迅速凝结使其长大成为雪花或水滴，当雪花或水滴足够大时就会下降。难怪下雪或下雨之后，我们会有"天朗气清"的感觉。

欧文·朗缪尔的这个实验说明，对降雨或降雪来说，并非绝对需要尘埃，干冰也可起到凝聚水蒸气的作用。在碰到密云无雨时，若向云中撒播干冰的话，就有可能实现人工降雨或人工降雪。于是，欧文·朗缪尔等人便开始用干冰实施人工降水的实验。1946年冬天，在欧文·朗缪尔的指导下，试验人员将2.7千克干冰撒入云层，不一会儿，该处的云层全部转化成雨雪。这是历史上第一次用人工方法降水，它的成功说明了人工撒播干冰的确能够达到消云、降水的目的。人工降水的过程是：撒向空中的干冰迅速转化为气体时，向云层夺取大量的热，使云层的温度降低到−40℃以下，造成云层中的微小水滴或水汽很快凝结成许多小的冰晶。小冰晶一旦生成，周围的云雾和水汽碰到它后就会在其表面迅速凝聚，使小冰晶长大成为雪花，迫使它下降。如果雪花在下降的过程中，经过温度高于0℃的区域，它就融化为水滴，下起雨来。有了这次试验的经验，他们又接着进行了更大规模的试验，再次实施人工降雨雪，同样获得了成功。因此我们可以这样说，是欧文·朗缪尔开创了人工降水的时代。从此人们能够合理地进行人工控制天气，即人为地增加云中的冰晶或使云中的冰晶或水滴增大，就可以形成降水。

用干冰实施人工降水，也有一些不足之处。干冰易挥发，必须用飞机或气球将它运送到高空，然后在云层中撒播。后来，科学家经过研究又发现，碘化银（AgI）颗粒也可作为晶核，用来进行人工降水，其效果比干冰还好。这是因为碘化银颗粒具有很强的吸湿性，它能使云滴之间相互合并，形成大水滴，并且只需在-4℃时，水汽就会以它为核心而凝聚成冰晶。在进行人工降水时，碘化银用量较少，它在空气中较长时间也不会失效，可以用飞机、高射炮等把碘化银颗粒送往云层，也可以将碘化银颗粒撒播在地面或高山上，依靠上升的气流把碘化银送入云层，这样比较方便，费用也低。

人工降水的成功，不仅使人类摆脱了靠天吃饭的命运，而且对促进农业生产、解决水资源短缺、消除自然灾害等都具有不可估量的价值。1987年，我国东北大兴安岭林区发生特大森林火灾，为减少森林损失，国家气象局迅速组织科研人员，成功地实施了人工降水，有力地配合了灭火工作。今天，我们不但能够人工消云降水，而且还能人工消雾、人工消雹和人工驱雨等工作。但应当指出的是，人工降水不是每时每刻都可以进行的，必须根据实际大气情况来实行。因为要成功地进行人工降水，云的存在是首要条件，这是内因；向云层撒播干冰或碘化银等凝结剂是外因，外因必须通过内因才能发挥作用。可以相信，随着科学技术的发展，人们一定会从多方面影响和控制天气，从而使其更好地为人类服务。

未来能源之谜

正如我们每天都要吃一定的食物以摄取热量，维持身体各种生理活动一样，人类社会的生产和生活时刻离不开一种重要的资源——能源。能源是指自然界中存在的、可以为人类用于获取能量的自然资源。能源的开发和利用状况是衡量一个时代、一个国家的科学技术和经济发展水平的重要指标。

所谓能源的开发利用，其实是人类通过一定的技术，把蕴藏于自然界的各种能量进行转化，达到"为我所用"的目的。远古时代的"钻木取火"就是一种把机械能转化为热能的过程，人类本能地利用它取暖、烹食，求生存、谋发展。近代工业革命中蒸汽机的发明，就是直接把热能转化成机械能，它解决了大工业机器生产的动力驱动问题，人类生产和生活日新月异。第二次产业革命中人类发明了发电机，是把机械能直接转化为电能；而从发电厂输出的电能，又被人类几乎随心所欲地转化成各种所需要的能量形式。20世纪40年代，人类又掌握利用了核能，这是人类利用能源历史上一次伟大的革命。

现在，我们可以为"能源家族"成员开列一个长长的名单。当可供人类利用的能源越来越多时，人类对它们的认识、理解也越来越多。各种能源的分类，就说明这个问题。浑浑噩噩的风力、水力，亿万年来一直不休不倦，它们属于"可再生能源"；人类利用它们的历史最悠久，但从来没有很好地掌握、利用它们。近代以来最重要、被利用最充分的煤炭、石油、天然气等，属于"非再生能源"。这并非说它们绝对地不可以再生，而是说再生的过程非常缓慢，而人类消耗它们的速度越来越快。这种巨大的"剪刀差"就是"能源危机"理论的事实依据。从获得能源的技术角度分类，煤炭、石油、天然气等能源通过常规技术可以得到，又称"常规能源"，而用高新科技获得的能源，比如太阳能、地热能、海洋能（海浪和潮汐）、原子能发电等，叫做"新能源"。再换一个角度，不仅仅考虑利用能源的有效和方便，还考虑利用以后对环境的影响后果。一些污染少或者基本无污染的能源被称为"清洁能源"或者"绿色能源"；而一些历史上功不可没的能源，它们危害一方、"罪孽深重"也是有目共睹的，被戴上"黑色能源"的帽子。

公正客观地说，历史上人类对任何能源的开发和利用，都不是完全无害的。大自然固然慷慨地赐予人类各种能源，但是它从来不是为人类提供现成的、完美无缺的能源。大自然无知无觉，它是无辜的；无论造福还是作孽，都是人类自己的责任。

由于技术上的问题，目前人类使用比较普遍的还只是石油、煤炭等一些常规能源。煤炭自近代以来逐渐为人类生产和社会生活所倚重，在18世纪末到19世纪中叶更是被使用到了极致。直到20世纪80年代，煤炭在世界能源结构中的比例仍然占25％。但是众所周知，煤炭燃烧形成大量二氧化碳，并造成酸雨。同煤炭相比，石油曾经是"新一代"能源，20世纪才被广泛利用。据统计，目前世界各国所消耗的能源中以石油和天然气所占的比例最大，高达70％左右。但同煤炭一样，这些"碳载体矿物能源"储量有限又不可再生，随着经济的发展和能源消耗量的大幅度增长，它们终有被耗尽的一天；而且，人类对这些传统能源的消费，还制造出大量二氧化碳及其他有害物质，极大地恶化了人类的生存环境。因此，开发和利用清洁可再生的新能源，已成为人类社会亟待解决的重大课题。

人类将如何面对能源方面的新挑战——能源过度问题？近年来，随着科学技术的发展，开发和利用新能源的研究工作已取得一些重要成果，有的还获得了重要突破。

第一，太阳能开发不断深化。太阳能是一种清洁的、可再生的能源，人类天然地受惠于它，但是以前限于技术落后的原因，从来没有很好地利用。自20世纪70年代，人类利用太阳能获得突破。目前太阳能已经在日常生活和某些特殊情况下，如宇航、边远山区及航海中，得到较多运用。太阳能利用方式目前主要有三种。第一是建立太阳能发电站，即使用集热器件把太阳辐射的热能量收集起来，转化成电能加以利用，如"太阳炉"。1970年法国在比利牛斯山上建造了一座功率为1000瓦的太阳炉，聚焦温度可达到摄氏4000度。第二种是利用光电转化技术制造太阳能电池，比如单晶硅电池、多国硅电池、硫化锰电池、砷化锌电池等。第三是利用光化学转化技术制造光化学电池，即利用阳光照射半导体或者电解液面，发生化学反应形成电流，同时使水电离直接产生氢的电池。但是太阳能能流密度低，而且随昼夜、晴雨、季节变化很大，能源获得上很不稳定。要想保持稳定的能源供应，还要建设抽水储能电站等配套工程，成本非常高。因此广泛使用太阳能的关键，在于提高太阳能的转换率和降低成本。美国波音公司技术领先，它们已研制出高性能的串联型太阳能电池，其光电转换效率高达30％左右。澳大利亚利用技术制成的太阳能电池，在不聚焦时光电转换效率达24.2％，其成本降低到与柴油发电相当。美国研制成的新型太阳能接收器，其热能转换率达90％。美国还在莫哈韦沙漠建造世界上设备最先进的太阳能电站，其发电能力达10兆千瓦。

第二，海洋能开发前景诱人。浩瀚的海洋占地球总面积的近71％，它蕴藏着来自宇宙的丰富能源。温暖的海水里储存了大量的太阳能；月球的引力产生巨大的"潮汐能"；地球的旋转使海流偏斜，万河汇流，咸水淡水交错，形成奇妙的"盐度差能"等。1981年联合国教科文组织公布，全世界海洋能的理论可再生总量约为766亿千瓦，现在技术上可以开发的海洋能资源至少有64亿千瓦。虽然早在10世纪以前人们就开始利用海洋能，如潮汐能磨坊和潮汐能提水，但是，科学开发利用海洋能则是现代技术所要解决的问题。目前，世界上最大的潮汐电站是法国的朗斯潮汐电站，其装机总容量为24万千瓦，年发电量5亿瓦。英国于1991年建有一座装有韦尔斯气动涡轮机的海浪发电站，是目前世界上最先进的海浪发电设备。但除潮汐发电和小型波浪发电外，其他海洋能技术尚处于研究试验阶段，其开发利用潜力是巨大的。

第三，地热能的利用进一步扩展。地球本身是个大热库，科学家们研究发现，地球内部"热力非凡"，一般估计地核的温度为4500℃，也有人估算为6900℃。地球内部的热一直不断向太空释放，但地球的表面积很大，所以单位面积内放出的热量一般很微弱，以致人们感觉不出来。然而它的总量

△ 能发电

却是非常大的，据估算约为10.25×1020焦耳/年，即相当于现在全世界化石能源消耗总量的3～4倍。地热（地下热水、地热蒸气、热岩层）作为一种新能源，也以其干净、无污染和成本低等特点受到人们的重视。当然地壳的厚度并不均匀，大陆地壳的平均厚度大约35公里，海洋地壳的平均厚度仅10公里。因此各地的热流量也不相同，热流量高的地区，地热资源就丰富。冰岛是世界上利用地热的典型国家，40％的居民利用地热取暖。现代地热的突出作用是发电。意大利是世界上利用地热发电最早的国家，自1904年意大利就在拉德瑞罗地热田建立世界上第一座地热发电试验装置。后来，由于受地质勘探条件所限，地热发电发展较慢，到20世纪70年代以后才突飞猛进。美国、日本、意大利、新西兰等国家都把地热作为新能源开发的重点，随之而来一批发展中国家也直起猛追，大有后来居上的势头，如菲律宾、墨西哥、印度尼西亚等国。据1989年第十四届世界能源大会统计，1988年底全世界运行的地热电站发电功率达513.6万千瓦，建造中的地热电站达201.7万千瓦。地热的直接利用达1400万千瓦热功率。截止到1994年，全世界地热发电总装机容量已达600多万千瓦。

目前利用地热发电规模最大的国家是美国。在地热开发利用逐步深入的条件下，美国还率先提出了开发地下干热岩的构思，这也可以说是"人造地热"的设想。因为地层深部，特别是与火山岩有关的地层，岩石干热，没有含水层，地热无法通过水、气输出。20世纪70年代初，美国洛斯－阿拉莫斯科学实验室开始试验，采用打斜钻井的技术，将钻孔打到3000～4000米的干热岩层，获得温度250℃以上，并将岩石破碎，由一个钻孔注入冷水，从另一钻孔提取热水，然后通过地面热交换器，即可输出地热加热的水，并用于发电。1972年，美国建成第一座高温岩石发电站。此项地热开发涉及一系列高新技术，如深孔斜钻技术、深层热岩破碎技术以及许多耐高温、高强度材料问题等。美国能源部投入了大量科研经费支持继续试验。与此同时，日本、瑞典、英国和德国也开始了此项探索。由于投资大，其他国家尚未将此列入地热开发议程。但是干热岩广泛存在，不像现有地热资源，分布有限，因而它将是地热开发的远景。

另外，风能和生物能也是可再生新能源。它们早就为人类利用，但是在人类未来能源中仍将占有一席之地。风能作为空气运动所产生的能量资源，具有储藏量大、利用范围广（3～20米/秒的风速都可以利用）的特点。但风是一种很不规则的资源，存在开发技术和管理利用复杂等问题。尽管如此，目前风力发电取得很大进步。生物能又称"沼气能"，它是通过植物的叶绿素将太阳能转化成化学能而储存于生物内部形成的。人们直接利用的是沼气，其主要成分是甲烷，可以产生大量的热能。沼气原料主要是各种农业废弃物、工业有机废料、人畜粪便等，这种废物利用、变废为宝的方法，无疑符合可持续发展的目标。

除了以上新能源外，人们还对核能寄予希望。1945年8月美国在日本投下2颗原子弹，造成50多万人丧生，显示了核能的巨大威力。战后核能的和平利用现已取得重大进展。从1951年人类第一次利用核能发电算起，至今已有半个世纪了。50年来的事实已经证明，核燃料因其能量的高度密集，不仅具有经济性好和运输量少等突出特点，而且也比化石能源更清洁。目前，世界上几十个国家已建成和正在建设的核电站约500多座，核电可满足世界电力需求的20%左右。核能开发利用已成为世界各国21世纪能源战略的发展重点。但是，核电站也有令人头痛的问题，如核废料排放造成放射性污染、技术事故引发的危险等。目前，为加强安全性和减少污染，反应堆技术改造已经是关键。快中子增殖反应堆作为第二代核电技术，现在已成为各国建造核能电站优先选用的先进核反应堆。更令人鼓舞的是，人们渴望实现的"可控核聚变"已露出希望的曙光。1993年12月10日，美国普林斯顿大学等离子体物理实验室，继1991年欧洲联合核聚变实验室的首次可控核聚变实验之后，再次成功地进行了实验；实验产生了相当于5.6兆瓦的聚变能量，比裂变产生能量大得多，而且没有产生大量放射性废料。人类在解决能源问题上又向前迈出了一大步。

氢能也以其重量轻、热值高、无污染、来源丰富和应用面广等优点，被人们称为21世纪的理想能源。过去人们总以为氢气是一种化工原料，很少把它作为能源来看待。自从出现火箭和氢弹以后，它又变成了航天和核武器的重要能源材料，一时身价倍增。科学家们通过努力，现已研制出硫化氢制氢、低电耗制氢、光化学制氢、生物化学制氢、等离子化学制氢、原子能化学制氢等新型制氢方法。虽然目前它们都还处于探索阶段，没有大量广泛应用，但是它预示着氢能利用的广阔前景。

总的来说，在未来能源开发和利用的新方向上，科学家们存在很大的共识。为可持续发展着想，为子孙后代考虑，能源发展方向必然是从常规能源转向新能源，从非再生能源转向可再生能源，从黑色能源转向绿色能源。在性能上，新能源与传统能源相比有无可替代的优势，但每一种新能源都有利有弊。有人也许会追问：在新世纪及人类漫长的未来岁月里，究竟哪一种或几种新能源将最终脱颖而出，成为人类生存的支柱？可以肯定的回答是：未来的能源是更加丰富多样的，而不是单一的一种或者几种。值得再三提醒的是，对于各种新能源，我们都要格外珍惜；对任何能源的不合理开发利用，都是对地球资源的过分索取，不但会产生各种新的"能源危机"，而且最终威胁人类生存环境。

智能材料之谜

在人类的眼里，被大量利用的各种材料（钢筋、混凝土、塑料、纤维等）可能是最"笨"的东西。它们只能被人所感知，自己无从感知外界情况；在出现"危机问题"时，它们不能告诉人们，也没法修理自己，只能"坐以待毙"，让人类蒙受各种损失、灾难。但是，智能材料就不同了。

随着都市化进程的加快，道路、桥梁、建筑物的安全成了人们越来越关注的问题。桥梁、建筑物，甚至在空中飞行的飞机，在其材料断裂发生事故之前若能发出预警，甚至能自行修补缺陷，那将会给人以极大的安全感。这一设想能否实现呢？为了达到这个目的，科学家们在20世纪80年代提出了智能材料的构想，尽管现在仍处于萌芽阶段，但人们已经看到了它的巨大潜力。

何谓智能材料？现在还没有严格的定义，但一般说来，它指的是能感知环境条件并做出相应"行动"的材料。智能材料的行为与生命体的智能反应有点类似，举一个简单的例子，太阳镜片中就含有某种智能材料，这种智能材料能感知周围的光，并能对光的强弱作出判断。当周围的光很强时，它就自行变暗；当光较弱时，它又变得透明起来。

现在，科学家们正集中力量研制使桥梁、高大的建筑设施以及地下管道等能自诊其"健康"状况，并能自行"医治疾病"的材料。这方面，美国伊利诺大学的研究已初见成效。该大学建筑研究中心的卡罗琳·德赖开发出了两种"自愈合"纤维，这两种纤维能分别感知混凝土中的裂缝和钢筋的腐蚀，黏合裂缝的纤维是用玻璃丝和聚丙烯制成的多孔中空纤维，将其渗入混凝土中，在混凝土过度挠曲时，它被撕裂，从而释放出一些化学物质，来充填和黏合混凝土中的裂缝。德赖开发的另一种纤维能感知造成钢筋腐蚀的酸度。若把这种纤维包在钢筋周围，当钢筋周围的酸度达到一定值时，纤维的涂层溶解，从纤维中释放出阻止混凝土中的钢筋被腐蚀的物质。

此外，在其他各领域也兴起了研制智能材料的热潮。在飞机制造方面，科学家正在研制具有如下功能的智能材料，当飞机在飞行中遇到湍流或猛烈的逆风时，机翼中的智能材料能迅速变形，并带动机翼改变形状，从而消除湍流或逆风的影响，使飞机仍能够正常平稳飞行。这方面的研究还未获得实质性的进展，现在只是有人设想将光纤埋入机翼中，正常情况下，光能通过光纤从机翼的一侧传到另一侧，当机翼中出现应力或裂痕时，经光纤传播的光线位置会偏离，甚至光还可能被遮断。根据传播光线的变化，计算机可以算出机翼中的应力或劈裂状况，从而向驾驶员进行险情预报。此外，还有人设想用智能材料制成涂料，涂在机身和机翼上，当机身或机翼内出现应力时，涂料会改变颜色，以此报警。

今天，塑料产品几乎遍及我们日常生活的各个方面。它们在卫生、医疗、服装、交通、家居、通信、能源和包装等领域扮演着重要角色。而澳大利亚新南威尔士州的伍伦贡大学智能聚合物研究所（IPRI），目前正在研究开发一种新型塑料。这种塑料可以导电，可以反映周围环境变化的情况，并发生相应的改变。基于这些"智能"材料的特殊性能，这方面的研究被引入一系列具有创新性的应用领域之中，其中包括化学和生物化学检测、人工肌肉、手性药物的分离、受控药物释放系统等。

目前对小型现场检测和在线检测传感器的需求量在不断的增长，其应用领域包括食品生产、环境监测、化学加工、金属制造和医学诊断。然而现有的现场检测设备在灵敏度、选择性、费用和实地可操作性方面都很不完善。导电塑料的发现和它们后来用于化学合成物质的检测使得传感技术的发展成为可能。IPRI设计了一系列聚合物传感器，使得传感器上每一单元都唯一对应于一定范围的化合物，然后使用简单的软件模式识别程序来分析所获得的数据组。这种"电子鼻"既可以判定也可以迅速对低浓度香味、臭味和其他挥发性化学物质进行定量分析，主要用于探测、分析低浓度环境毒素。IPRI目前正与意大利的比萨大学合作开发一种用于分析橄榄油的电子鼻。另一种用于探测大气中低浓度微生物的电子鼻也在实验中。

在医疗方面，智能材料还被应用于药物自动释放系统上。日本东京女子医学院已经推出一种能根据血液中的葡萄糖浓度而扩张和收缩的聚合物。当葡萄糖浓度低时，该聚合物会缩成小球；葡萄糖浓度高时，小球会伸展成带。借助这一特性，这一聚合物可制成人造胰细胞。将这种聚合物包封的胰岛素小球注入糖尿病患者的血液中，小球就可以模拟胰细胞工作，血液中的血糖浓度高时小球释放出胰岛素，血糖浓度低时胰岛素被密封。这样，病人的血糖浓度就会始终保持正常的水平。

由于导电有机聚合物在微电流刺激下可以收缩或扩张，因而具备将电能转变为机械能的潜力。该类聚合物的导电性使得电刺激可以在整个结构上传导，这样在不破坏聚合物结构的情况下有可能产生较大幅度的形变。这类导电聚合物组成的装置在较小电流刺激下同样表现出明显的弯曲或伸张、收缩能力。因此，它们有着广泛的潜在用途，在诸如机器人（如轻型齿轮、杠杆、风挡雨刷等）、假肢装置和微型泵等方面可以一展身手。目前IPRI主要在两个项目上取得了一些进展。其一，通过将导电聚合物涂覆在预先定性的微纤维上，IPRI成功开发了更有序的聚合物装置。该装置可以产生比天然肌肉多15倍的力，计算显示，这种导电聚合物纤维最终将可以产生1000倍于天然肌肉的应力。第二项进展为第一台基于碳纳米管的聚合物制动器。这种制动器包括高度有序的纳米管，当电荷加到纳米管上或从纳米管上卸去时，这些纳米管能作出快速的尺寸改变。在相关产业的支持下，IPRI正在探索其在医学方面的应用，如研制新型耳蜗装置和可调导管。

英国科学家还在研制一种能让残疾儿童借助它"说话"的智能化衣料。残疾儿童穿上由这种独特的电子纺织材料制成的马甲，连接一个语音合成器，就可以简单的通过轻拍这种触敏性材料使别人明白他的意思。萨里的布鲁内尔大学生命设计中心的研究人员认为，这项发明会有广泛的用途。把这种材料与适当的电子仪器连接起来，将带来新型外衣的问世。把电话主板集成在袜子里以提醒穿着者新鞋子是否会磨脚，或者是袖子里，乃至足球衣中，让裁判知道何时被人拉扯过。可以用该材料制成地毯，以检测走过它的

"入侵者";或者制成汽车坐垫,能感受乘客体重的分布,调整合适的承受力,也可制成装有电视遥控的扶手椅。

目前,该研究组织正把大部分精力投入医疗保健应用领域,用这种布料制成的马甲帮助残疾儿童(如孤僻或脑瘫痪者)与他人交流。这些儿童只需简单的轻拍外衣上不同的部位就可以传达不同的信息。信息通过红外信号传给声音合成器或电视屏幕。

这种材料是用普通的布料和一种独创的导电网状饱和碳纤维制成。当布料受压时,通过导电纤维的低电压信号发生变化,一个简单的电脑芯片就可以精确地指出布料的哪个部位被触摸。它还可以触发任何与其相连的、体积不超过两个火柴盒大小的电子设备。这种材料可以洗涤,裹在别的东西外面或者揉搓都不会损坏,它可以低成本的大批量生产,已有多家跨国公司希望能在以后的产品中使用这种布料。该材料也引起了艺术家的广泛兴趣,期望能利用它非凡的特性带来艺术上的创新。

虽然关于智能材料方面的研究有待于进一步深入,但我们有理由相信,它的发展前景将是无限广阔的!

丢番图的年龄之谜

丢番图是3世纪时期古希腊的著名数学家，他一生都在研究数学方程理论，直到他死后，仍然在墓碑上刻了一段铭文。这段铭文既点明了他毕生的贡献，又是一个有趣的数学题。那段铭文是这样的：

"坟中安葬着丢番图

下面的叙述告诉你他一生经历的道路

上帝给予的童年占六分之一

又过十二分之一，才长胡子

再过七分之一，点燃起结婚的蜡烛

五年之后，天赐贵子

不料儿子竟先其父四年而终

年龄不过其父享年的一半，便进入冰冷的坟墓

悲伤只有用算术的研究去弥补

过路的人儿

请你算一算，丢番图活到多少岁才去见耶稣？"

这是不是很有趣的一段墓志铭？相信上了初中的同学们都会做这道题：列一个一元一次方程就能解出来了。可是在当时，解这道题是相当麻烦的，需要进行很多的猜测和比较，才能得到正确的答案。也难怪西方著名的数学史家史密斯曾发出这样的感慨："世界竟曾经为了一个形如ax+b=0的方程所困惑过，这似乎是不可思议的。但是古代数学家为解这种方程，却确实曾求助于一种比较烦琐的方法，这种方法后来在欧洲称为'试位法'。"丢番图一生都在研究方程，他实际上已经在他的《算术》一书里给出现代解方程的一些重要步骤：移项法则、方程两端乘以同一因子等。不过由于当时人们对

数的认识还处于启蒙阶段，所以没有推出现在所用的一次方程解的一般公式，真是可惜！

至于方程这个名词，意思就是"含有未知数的等式"，它最早是在《九章算术》里出现的。我国古代数学家刘徽注解说："程，课程也。群物总杂各列有数，总言其实，令每行为率。二物者再程，三物者再程，皆如物数程立，并列为行，故谓三方程。"这段话的意思是说：题目中每一个条件就可列一个式子，几个式子会在一起成一个方形，所以叫方程。在《九章算术》书中还专门有"方程章"一节。有一些很好的例

△ 丢番图雕像

子，在"负数"一节中曾提到，这里就不再重复了。其实不仅中国的数学家喜爱方程，对方程的研究走在世界的前列，从古到今外国的许多大数学家也都偏爱方程，比如牛顿、欧拉等。他们有的编了许多有趣的方程问题，有的给出了一些解方程的方法。更令人惊讶的是，在古希腊著名的荷马史诗中竟然也有方程的影子。著名的荷马史诗《伊利亚特》里有这样的句子：

爱神爱罗特正在发愁，

女神吉波莉达向前问道：

"你为什么烦忧，

我亲爱的朋友？"

爱罗特回答：

"九位文艺女神，

不知来自何方，

把我从赫尔康采回的仙果，

几乎一抢而光。

音乐之神叶英特尔波抢走十二分之一，

历史之神克力奥抢走的更多——

每五个仙果中就拿走一个。

喜剧之神达利娅拿走八分之一,

悲剧之神美逢美妮最客气,

她只拿走了二十分之一。

舞蹈之神最能抢,她抢走四分之一,

爱神之神爱拉托拿走七分之一,

还有三位女神,

个个都不空手:

三十个仙果归颂歌之神波利尼娅,

一百二十个仙果归天文之神乌拉尼娅,

三百个仙果归史诗之神卡利奥帕,

我,可怜的爱罗特,

只给我留下五十个仙果。"

爱罗特原有多少个仙果?

　　这是不是又是一个简单的一元一次方程题目?同学们可以自己算一算,可怜的爱罗特到底最初采回多少个仙果?

　　丢番图的墓志铭和《伊利亚特》都是解一元一次方程就能得到圆满的答案。在《九章算术》里,还有许许多多多元一次方程组的例题。不过;方程可不都是一次的,看下面这道题:"两个正方形面积之和是1000,其中一个正方形的边长比另一个正方形边长的少10,问两个正方形边长各是多少?"

　　同学们会做吗?这可是数学史上发现的最早的二次方程的习题呀!它是刻在古巴比伦的泥板上而被保存下来的。而在古巴比伦的楔形文献中,也已经给出了相当于一元二次方程的具体例题和解法。丢番图也曾解决过许多数字系数的二次方程,可是他不承认负根和无理根。其后有许多数学家对一元二次方程进行过研究,一直到最后韦达给出了表明根和系数关系的"韦达定理",一元二次方程的解才可能用求根公式来得到。后来陆陆续续又得到了一元三次方程、一元四次方程的求根公式,而五次以上的方程则已经被证明没有统一的求根公式。

说了这么多，其实我们所涉及的例子都是有确定解的。而在数学上还有一种方程是求不出确定解的，那就是不定方程。什么是不定方程呢？我们把一个含两个或两个以上未知数的方程就称为不定方程。比如，5x+4y=8，很明显这个方程有无数多组解，如x=1，y=　；x=0，y=2……关于不定方程的例子也有很多，《九章算术》中的"方程章"第13题就是有关不定方程的。题目大意是这样的：

"5家共用一口井。若用甲家2条绳子和乙家1条绳子接在一起，绳子恰好触及水面；同样，用乙家3条绳子和丙家一条绳子，或用丙家4条绳子和丁家1条绳子，或用丁家5条绳子和戊家1条绳子，或用戊家6条绳子和甲家1条绳子接在一起，也都恰好触及水面。求各家绳子的长度和井深。"

设6个未知数，就可以很容易地列出5个不定方程，联立在一起，得到一个不定方程组。用所学知识求解可知只要满足某一比例的数组都是解。古今中外还有很多这样的趣题，有兴趣的同学可以自己找这样的题目来做。

另外，值得注意的是：并不是所有不定方程联立起来都一定得到不确定的解，比如下面这一道"和尚吃馒头"问题：

"一百馒头一百僧，小僧三人吃一个，

大僧三个更无争，大小和尚各几名？"

很明显，这是一个二元一次方程组的问题，由两个不定方程联立可得到一组确定的解，是不属于不定方程组范畴的，大家以后做题时可要小心了。

奇怪的三角形之谜

打开一张世界地图,你就会发现,几乎所有的大陆——亚欧大陆、非洲大陆、北美大陆、南美大陆都是北部平宽,南部两侧向内收束,最后成为一个三角。就是南极大陆也不例外,它那濒临印度洋的东南极海岸基本与纬线相平行,成为三角形的一个边,而西南极则是细长的南极半岛。唯一一个例外是澳大利亚,它的三角形的顶点朝向北方。

以上的事实是出于一种巧合,还是有着一定的科学道理呢?大陆漂移学说似乎可以帮助我们寻找到一个容易被人接受的答案。

据研究,地壳的演变并不像魏格纳所描绘的那样简单——由古老的联合大陆分裂成今天的几块大陆,就像一张被撕开的报纸那样——其发展过程远比这要复杂得多。大陆漂移不但要经历十分漫长的时间,而且在漂移过程中还会产生许多魏格纳当时并没有想到的问题。

于是人们在魏格纳学说的基础上,又提出了"碎块学说",并试图用这种学说解释大陆三角形之谜。碎块学说认为,每个大陆并不是一个完整的统一体。它是由一系列大小不同的碎块拼合而成的。大者可达几十万平方千米,小者只有几平方千米。各个碎块的年龄也不相同,有的可达几十亿年,有的只有几亿年。这说明大的陆块的形成可能是在不同时期,经过多次拼接最后才完成的。比如,科学家们已经知道,北美大陆的北半部,是由100多个陆块拼合而成的。而亚洲的西伯利亚,甚至面积不大的日本,也不是铁板一块,它们也是由多个地块组合成的。我国地质学家也测出,中国山东东西两部分就是由一块年龄大约为25亿年的地块与一块14亿年的地块黏合而成,其黏合年代大约在距今1.9亿年的侏罗纪。

碎块说为我们解开大陆倒三角之谜开辟了道路。科学家估计,陆块漂移可能都是先裂后拼的。据大陆漂移学说，陆块在没有裂开之前，统一大陆处在赤道以南的南半球。当统一大陆发生破裂，并开始漂移时，可能先要向北移动。在移动途中，一定要遇到其他分离的陆块，就像我们玩的碰碰车一样，自然彼此碰撞，并且与之拼接。因为陆块向北移动，北半部可能遇到的分离陆块的机会要比南半部多。这样就形成了各大陆北半部多为平直的三角形的边，南半部则比较瘦长的形态。

至于澳大利亚为什么会是一个特例，那可能是因为澳大利亚在移动中，曾经发生过旋转。

另外我们还会发现，不但几个大陆呈倒三角形形状，而且几乎所有大陆上大的半岛，其尖端也多是指向南方。如亚洲的印度半岛、中南半岛、阿拉伯半岛、朝鲜半岛和堪察加半岛，北美洲的佛罗里达半岛、加利福尼亚半岛，欧洲的巴尔干半岛、亚平宁半岛和斯堪的纳维亚半岛等。产生这种现象的原因也可以用上述碎块学说加以解释。

尽管陆块破碎说可以自圆其说。为大陆形状提出一个可供选择的解释，但是它并没有得到大多数学者的认可。他们认为，陆块破碎说总有点牵强，偶然的成分太多。不过，倒是有一个现象对陆块破碎假说有利。那就是地球上的大陆分布，北半球确实比南半球多得多，大约是南半球的两倍。据推测，从2.4亿年前至今，至少已经有一半以上的南半球的陆块移到北半球来，而且这种移动过程还在继续。支持破碎说的人们争辩说，如果没有陆块从南向北迁移，怎么会出现北半球大陆要大大多于南半球的情况呢？

除此以外，还有更奇怪的现象：

有人曾经在地球仪旁这样观察过地球。他发现在地球仪上，大陆与大洋基本上是相互对称的，也就是说在地球这一侧如果是一片大陆，那么在地球的另一侧，就是海洋。说具体一点，在非洲大陆的对面是中太平洋，亚欧大陆的对面是南太平洋，北美大陆的对面是印度洋，南美大陆的对面是西太平洋，澳大利亚对面是大西洋，南极大陆的对面是北冰洋。

这种现象是偶然巧合，还是有其内在的原因，现在我们只能十分遗憾地说，对于这个问题确实还没有弄清楚。

著名的几何三大问题之谜

在几何学历史上，最著名的问题是希腊几何三大作图问题：

一、倍立方体，即求作一立方体的边，使该立方体的体积为给定立方体体积的两倍；

二、三等分角，即分一个给定的任意角为三个相等的部分；

三、化圆为方，即作一正方形，使其与一给定的圆面积相等。

这三个问题的重要性在于：虽然用直尺（没有刻度）和圆规两样工具能够成功地解决那么多其他作图问题，但是对这三个问题却不能精确求解，而只能近似求解。对于这三个问题的深入探索给几何学以巨大的影响，并引出大量的发现。这三个作图题，只用圆规和直尺来求解的不可能性，直到19世纪，也就是离第一次提出这三个问题的两千年之后，才被证实。这是数学史中的一件大事。但是如果不限制作图工具，古希腊人就已经想出了许多方法。

关于倍立方体问题流传着这样一个传说。有一位没学过数学又不出名的古希腊诗人，他讲了这样一个故事：神话中的米诺王对儿子给他建造的坟墓不满意，就下令把那坟墓扩大一倍。然后这位诗人又替米诺王添加了下面的话（不正确的话）：这只要把那坟墓的每边扩大一倍就能完成。正是这位诗人的错误数学，给几何学者们提出了如何能使一给定正方体保持同样形状而体积扩大一倍的问题。这一问题在希波克拉底给出著名的简化之前，似乎没有多大进展。传说后来，德利安人为了摆脱瘟疫，遵照神谕，必须把他们的保护神阿波罗的立方体形祭坛扩大一倍，这个问题受到柏拉图的重视，许多几何学家都给出了高等几何的解法。正是由于后来这一传说，倍立方体问题现在也常常被称为德利安问题。

倍立方体的第一个真正的进展，无疑是希波克拉底对此问题的简化：作给定两线段a和2a的两个比例中项。如果我们令x和y表示这两个比例中项，则有：——=——=—— ，在这几个比例式中：x2=ay，y2=2ax，消去y得x3=2a3，说明以x为边的立方体的体积就等于以a为边的立方体的体积的二倍。其实希波克拉底只是把问题换了一种形式，他并不可能用尺规把这样的x作出。不过，他的结果却开创了把立体问题转化为平面问题加以研究的先例。

三等分角问题是三个著名的问题中最容易理解的一个，因为二等分角是那么容易，这就自然会使人们想到三等分角为什么不同样容易呢？有人又从另外的角度来考虑这个问题，也就是求近似解。一个卓越的例子是著名的画家丢勒于1525年给出的一种方法，用圆规、直尺近似地三等分任意角，误差不超过1° 。

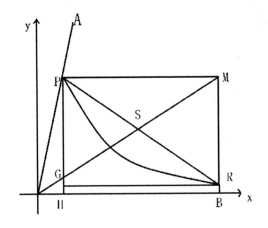

△ 数学家帕普斯借助函数给出的一种"三等分锐角"的方法

也许没有别的问题比作一个与给定的圆面积相等的正方形这个问题，具有更大或更长久的吸引力。早在公元前1800年，古代埃及人就取正方形的边长等于给定圆的直径的方法"解决"了这个问题。古希腊人也用割圆曲线和阿基米得螺线解决化圆为方问题，而近似解法无非是求π的问题。

至于三大几何难题，由于几乎每个人都能弄懂题意，但是使许多最杰出的数学家都束手无策，因而具有极大的魅力，吸引着众多的人去尝试。

终于1837年，万采尔在研究阿贝尔定理化简时，独具匠心，首先证明了三等分角和倍立方体问题是不能用尺规作图解决的。接着1882年，数学家林德曼证明了π是一个超越数，从而证明了化圆为方问题也是不可能用尺规作图解决的。1895年，德国数学家克莱因在总结前人研究的基础上，给出了这

△ 希腊杰出的数学家欧几里得

三个几何作图问题不能用尺规作出的简单证明。从而，结束了人们长达两千年的猜疑。

但是直到现在，仍然有人不知道三大几何问题已经解决，还企图用尺规去寻找三大问题的解答，那只是浪费时间和精力，干徒劳无功的事。美国数学杂志社和以教书为职业的数学会员，每年总要收到许多"角的三等分者"的来信，并且在报纸上经常看到：某人已经最终"解决"了这个不可捉摸的问题，而且每年总有些人自称是"圆的化方者"。

有人或许会问，研究了两千多年的三大几何难题有什么意义呢？著名的数学问题可以推动数学向前发展，使人们寻找新的数学方法，改进研究手段。所以，三大几何问题的研究不仅显示了人类的智慧，更重要的是发现了更多的数学方法，得到了更多的数学成果。对于今天的青少年来说，了解三大几何问题的历史，知道它们的功绩和结论可以启发自己对问题的思考方式，少走弯路，把宝贵的时间和精力集中在正确的方向上去。

令人着迷的迷宫之谜

如今，英国在世界上领先的地方可能并不多了，但是，对于那些喜欢彻底迷失方向的人，它却是最好的：因为这个国家是集世界迷宫之大成的地方。从汉普顿宫那造型优美、闻名历史的迷宫到朗利特闪闪发光的镜宫，或者散布在农田里、由庄稼形成的季节性迷宫：我们从未面临着这么多"走不出去"的路径。

自20世纪80年代以来，英国的迷宫数量已增加了两倍，达到一百二十多个，每年有成千上万的游客前往参观。世界公认的迷宫设计泰斗阿德里安·费希尔说："这是迷宫的黄金时代。"费希尔在17个国家建造了二百多座迷宫。

在泽西海洋公园，费希尔建造了全世界最大的水上迷宫。迷宫的墙壁由高高低低的喷泉口构成，这些喷泉口形成了时隐时现的水路。他还4次创下建起世界最大迷宫的记录，其中那座巨大的"玉米迷宫"覆盖了数英亩的美国农田。

在费希尔看来，自他从1979年开始迷宫设计以后，是什么东西吸引了2000万人前往他的创造中探险呢？他说："我觉得，对个人来说，那是指示秘密的兴奋。对于家庭来说，有机会共同完成一件事情非常难得——像迷宫这样对各个年龄段的人都有吸引力的东西并不多。"

今天的迷宫设计者在科学上的计算是如此准确：如果他们说，你需要半小时才能走出去，那么走出迷宫所需的时间就是半小时。

具有讽刺意味的是，今天的迷宫设计者面临着的最大挑战之一就是让这些挑战具有足够的难度。以古老的迷宫建造艺术中的最新创造因特网迷宫为例，这些刊登在万维网上的迷宫可能看起来很容易解决：毕竟你能看出它们的布局，知道布局就可以进入传统迷宫的中心并走出去。费希尔说："如果走出一个现实的迷宫需要半小时，在网上只需几分钟就够了。所以，我们得找到让迷宫更富挑战性的新规则。"

但是，费希尔知道，游戏者最终总会胜利。他说："设计迷宫就像是设计者和使用者在下棋；但在这盘棋中，总是设计者率先走出所有的步骤。我知道自己总会输，秘密在于如何输得气派。"

关于忒修斯的古希腊故事讲述了传说中的弥诺斯王在克里特岛上建造迷宫的经过。在这座由伟大的工程师代达罗斯设计的迷宫中心关着半人半牛的怪物弥诺陶洛斯，弥诺斯定期用希腊犯人喂它。后来，希腊英雄忒修斯杀死了弥诺陶洛斯，并且循着弥诺斯王的女儿阿里亚德妮给他的绳索逃出了迷宫。

克里特岛发掘出的古代钱币上的确刻有像是迷宫的图案。一些古代历史学家断言，他们知道这个神话中迷宫的下落：它在埃及国王阿门内姆哈特三世统治的王国中。阿门内姆哈特三世于公元前1800年左右在位。

根据当时的记载，阿门内姆哈特迷宫是古代的奇迹之一。希腊历史学家希罗多德曾在公元前450年左右探访过那里。他说，这个迷宫由12座带顶的院落构成，所有院落都有通道连接，形成了3000个独立的"室"。他说，建造这座迷宫使用的人力和财力"超过了希腊所有建筑的总和"。后来的参观者说，一旦进入迷宫，如果没有向导，根本无望逃出，因为许多通道是一片漆黑。

1888年，伟大的英国考古学家皮特里发现了埃及中部美利斯湖的阿门内姆哈特迷宫。这座迷宫的神奇程度与希罗多德的描述分毫不差。根据皮特里的测量，迷宫长300米，宽250米。

在那些神秘的通道深处，皮特里发现了伟大的国王阿门内姆哈特本人的坟墓。但是，错综复杂的迷宫没能挡住盗墓者。阿门内姆哈特最后的安息之所还是遭到了破坏。皮特里认为，盗窃一定是"内部人干的"：如果不是知情人泄露了迷宫的地图，盗墓者不可能成功。

罗马人曾在马赛克中使用迷宫图案。在欧洲中世纪早期的黑暗时代，人们认为刻在地上的迷宫具有魔力。中世纪的基督教堂来用迷宫的主题,把这一主题刻在大教堂的墙壁上。那些没有勇气经过千山万水前往圣地的信徒们常常在迷宫里转来转去,以惩罚自己的信仰不坚。

把迷宫用作娱乐似乎起源于文艺复兴时期的意大利,并在都王朝时期被英格兰富有的私房主沿袭下来。著名的汉普顿宫树篱迷宫(全世界同类迷宫中最古老的一个),就是1689年至1694年间由英王威廉三世种下的。

维多利亚时代,人们在公园里建造了许多迷宫,为公众提供娱乐;私人房产附近也出现了更多的迷宫:其中特别引人入胜的当属剑桥大学的教学家威廉·劳斯·鲍尔以《数学游戏和试验》一书最为著名。在这部最初于1892年出版的书里,他对迷宫的问题进行了探索。

迷宫(以及如何走出迷宫)背后的数学理论是有伟大的瑞士数学家莱昂哈德·奥伊勒在1736年创造的:当时他正试图解决普鲁士小镇柯尼希山的居民发现的一个表面看来非常无聊的谜题。这座城镇有7座在不同地点横跨普雷格尔河的小桥。镇上有人提出一个难题:

谁能在镇上找到一条路,这条路经过所有7座桥,但每座桥只走一次?

有人怀疑这个难题无法实现。但是,奥伊勒证明了这种命题是不可能的,并在证明的过程中开创了一个崭新的数学领域。这就是后来被发现具有许多实际应用的图论。

随后劳斯·鲍尔在书中探讨了迷宫图论的蕴涵,首次把走出迷宫的数学原理展现在公众面前。

对于许多迷宫来说,一条非常简单的规则能够把你带到中心点并重新返回:只需把一只手放在迷宫的墙壁上,一直向前走,不要把手拿下来就行了。

这种方法使用于汉普顿宫的树篱迷宫、肯特的赫弗古堡等许多历史上的迷宫。但是,今天的迷宫设计者完全了解"手放墙上"的把戏以及然后挫败这种方法。要走出阿德里安·费希尔在牛津郡布莱纳姆宫建造的迷宫,你很可能会长久地陷在那些树篱中:这座迷宫中的某些交叉处并不符合那条规律。

△ 汉普顿宫

　　但是，有一条规则却适用于所以迷宫。这条规律最初是19世纪的法国数学家特雷莫发明的：走到一个新的交叉路口时，任意选取一条路，只有在这条路带你来到已经走过的路口或死胡同时才回头。如果你经由一条走过的路来到一个见过的路口，尽可能选择一条新路。但是，无论如何，不能在同一条路走两次以上。如果你能识路并记路，效果会很好。

　　特雷莫的方法能把你带出任何迷宫：尽管未必是通过最短的路线。

圆周率的发现之谜

如何正确地推求圆周率的数值，是世界数学史上所面临的一个重要课题。我国古代数学家们对这个问题十分重视，研究也很早。在《周髀算经》和《九章算术》中就提出径一周三的古率，定圆周率为三，即圆周长是直径长的三倍。此后，经过历代数学家的相继探索，推算出的圆周率数值日益精确。西汉末年刘歆在为王莽设计制作圆形铜斛（一种量器）的过程中，发现直径为一、圆周为三的古率过于粗略，经过进一步的推算，求得圆周率的数值为3.1547。东汉著名科学家张衡推算出的圆周率值为3.162。

△ 祖冲之画像

三国时，数学家王蕃推算出的圆周率数值为3.155。魏晋之际的著名数学家刘徽在为《九章算术》作注时创立了新的推算圆周率的方法——割圆术。他设圆的半径为1，把圆周六等分，作圆的内接正六边形，用勾股定理求出这个内接正六边形的周长；然后依次作内接十二边形，二十四边形……至圆内接一百九十二边形时，得出它的边长和为6.282048，而圆内接正多边形的边数越多，它的边长就越接近圆的实际周长，所以此时圆周率的值为边长除以2，其近似值为3.14；并且说明这个数值比圆周率实际数值要小一些。在割圆术中，刘徽已经认识到了现代数学中的极限概念。他所创立的割圆术，是探求圆周率数值的过程中的重大突破。后人为纪念刘徽的这一功绩，把他求得的圆周率数值称为"徽率"或称"徽术"。

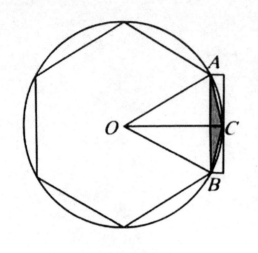

△ 圆周率

祖冲之认为自秦汉以至魏晋的数百年中研究圆周率成绩最大的学者是刘徽，但并未达到精确的程度，于是他进一步精益钻研，去探求更精确的数值。他研究和计算的结果，证明圆周率应该在3.1415926和3.1415927之间。他成为世界上第一个把圆周率的准确数值计算到小数点以后七位数字的人。直到一千年后，这个记录才被阿拉伯数学家阿尔·卡西和法国数学家维叶特所打破。祖冲之提出的"密率"，也是直到一千年以后，才由德国称之为"安托尼兹率"，还有别有用心的人说祖冲之圆周率是在明朝末年西方数学传入中国后伪造的，这是有意的捏造。记载祖冲之对圆周率研究情况的古籍是成书于唐代的史书《隋书》，而现传的《隋书》有元朝大德丙午年（1306年）的刊本，其中就有和其他现传版本一样的关于祖冲之圆周率的记载，事在明朝末年前三百余年。而且还有不少明朝之前的数学家在自己的著作中引用过祖冲之的圆周率，这些事实都证明了祖冲之在圆周率研究方面卓越的成就。

质数之谜

一个大于1的整数，如果除了它本身和1以外，不能被其他正整数所整除，这个整数就叫做质数。质数也叫素数，如2、3、5、7、11等都是质数。

如何从正整数中把质数挑出来呢？自然数中有多少质数？人们还不清楚，因为它的规律很难寻找。它像一个顽皮的孩子一样，东躲西藏，和数学家捉迷藏。

古希腊数学家、亚历山大图书馆馆长埃拉托塞尼提出了一种寻找质数的方法：先写出从1到任意一个你所希望达到的数为止的全部自然数。然后把从4开始的所有偶数画掉；再把能被3整除的数（3除外）画掉；接着把能被5整除的数（5除外）画掉……这样一直画下去，最后剩下的数，除1以外全部都是质数。

△ 埃拉托塞尼

后人把这种寻找质数的方法叫埃拉托塞尼筛法。它可以像从沙子里筛石头那样，把质数筛选出来，质数表就是根据这个筛选原则编制出来的。

数学家并不满足用筛法去寻找质数，因为用筛法求质数带有一定的盲目性，你不能预先知道要"筛"出什么质数来。数学家渴望找到的是质数的规律，以便更好地来掌握质数。

从质数表中可以看到质数分布的大致情况：

1到1000之间有168个质数；

1000到2000之间有135个质数；

2000到3000之间有127个质数；

3000到4000之间有120个质数；

4000到5000之间有119个质数。随着自然数的变大，质数的分布越来越稀疏。

质数把自己打扮一番，混在自然数里，使人很难从外表看出它有什么特征。比如101、401、601、701都是质数，但是301和901却不是质数。又比如，11是质数，但111、11111以及由11个1、13个1、17个1排列成的数都不是质数，而由19个1、23个1、317个1排列成的数却都是质数。

有人做过这样的验算：

12+1+41=43，

22+2+41=47，

32+3+41=53，

……

392+39+41=1601

从43到1601连续39个这样得到的数都是质数，但是再往下算就不再是质数了。

402+40+41=1681=41×41，1681是一个合数。

被称为"17世纪最伟大的法国数学家"费马，对质数做过长期的研究。他曾提出过一个猜想：当n是非负整数时，形如f（n）=22n+1的数一定是质数。后来，人们把22n+1形式的数叫做"费马数"。

费马提出这个猜想当然不是无根据的。他验算了前5个费马数：

f（0）=220+1=2+1=3

f（1）=221+1=4+1=5

f（2）=222+1=16+1=17

f（3）=223+1=256+1=257

f（4）=224+1=65536+1=65537

验算的结果个个都是质数。费马没有再往下验算。为什么没往下算呢？

有人猜测再往下算，数字太大了，不好算。但是，就是在第6个费马数上出了问题！费马死后67年，也就是1732年，25岁的瑞士数学家欧拉证明了第6个费马数不再是质数，而是合数。

f（5）=225+1=232+1=4294967297=641×6700417

更有趣的是，从第6个费马数开始，数学家再也没有找到哪个费马数是质数，全都是合数。现在人们找到的最大的费马数是f（1945）=221945+1，其位数多达1010584位，这可是个超级天文数字。当然尽管它非常之大，但也不是质数。哈哈，质数和费马开了个大玩笑！

在寻找质数方面做出重大贡献的，还有17世纪法国数学家、天主教的神父梅森。梅森于1644年发表了《物理数学随感》，其中提出了著名的"梅森数"。梅森数的形式为2P−1，梅森整理出11个P值使得2P−1成为质数。这11个p值是2、3、5、7、13、17，19，31、67、127和257。你仔细观察这11个数不难发现，它们都是质数。不久，人们证明了：如果梅森数是质数，那么p一定是质数。但是要注意，这个结论的逆命题并不正确，即p是质数，2P−1不一定是质数，比如211−1=2047=23×89，它是一个合数。

△ 法国数学家梅森

梅森虽然提出了11个P值可以使梅森数成为质数，但是他对11个P值并没有全部进行验算，其中一个主要原因是数字太大，难以分解。当P=2、3、5、7、17、19时，相应的梅森数为3、7、31、127、8191、13107、524287。由于这些数比较小，人们已经验算出它们都是质数。

1772年，65岁双目失明的数学家欧拉，用高超的心算本领证明了P=31的梅森数是质数：231−1=2147483647。

还剩下P=67、127、257三个相应的梅森数，它们究竟是不是质数，长时期无人去论证。梅森去世250年后，1903年在纽约举行的数学学术会议上，数学家科勒教授做了一次十分精彩的学术报告。他登上讲台却一言不发，拿起粉笔在黑板上迅速写出：

$2^{67}-1=147573952589676412927$

$=193707721 \times 761838257287$ 然后就走回自己的座位。开始时会场里鸦雀无声，没过多久全场响起了经久不息的掌声。参加会议的人纷纷向科勒教授祝贺，祝贺他证明了第9个梅森数不是质数，而是合数！

1914年，第10个梅森数被证明是质数；

1952年，借助电子计算机的帮助证明了第11个梅森数不是质数。

以后，数学家利用速度不断提高的电子计算机来寻找更大的梅森质数。1996年9月4日，美国威斯康星州克雷研究所的科学家，利用大型电子计算机找到了第33个梅森质数，这也是人类迄今为止所认识的最大的质数，它有378632位：$2^{1257787}-1$，同时发现了新的完全数：$(2^{1257787}-1) \times 2^{1257786}$。

迄今为止，数学家尽管可以找到很大的质数，但是质数分布的确切规律仍然是一个谜。古老的质数，它还在和数学家捉迷藏呢！

小宝宝是怎么来的

生物体都有一定的寿命，每种生物都在其死亡之前留下自己的后代以繁殖自身、延续后代，这是所有生物的基本特征之一，人类当然也不例外，这就是生殖。人类的生殖是由男人和女人共同来完成的，生殖过程包括生殖细胞（精子和卵子）的形成、交配、受精、受精卵的着床、妊娠、胚胎在子宫内的发育、分娩和哺乳等众多环节。

生殖器官有主有次，主要的生殖器官在男性是睾丸，在女性是卵巢，它们能够产生生殖细胞、分泌性激素从而决定男女的性别。生殖细胞精子和卵子分别是由睾丸和卵巢产生的。睾丸实质主要是由曲细精管构成的，占睾丸体积的85％，它也是睾丸产生精子的地方。精子由曲细精管内的生精上皮细胞产生，形似蝌蚪，长约59～60微米，分为头、颈、体、尾四部分，头部是卵圆形的，主要由细胞核构成；尾部细而长，精子的运动就是靠尾巴的摆动而进行的。在头、尾之间有较短的颈和体相连。与精子不同的是，卵子的成熟需要很长的时间，卵子是由卵巢的生殖上皮细胞产生的。卵巢主要是由发育不同阶段的卵泡组成。女性在胚胎期间，部分的生殖细胞就发育成卵原细胞，然后在体内保持静止状态，直到青春期才再开始发育，但并没有完成，只有当与精子结合受精时才能继续完成。

成熟的精子和卵子在女性输卵管的壶腹部相遇，互相结合成为一个新的细胞——受精卵的过程，叫做受精。要想让精子和卵子相接触，必须具备充分的条件。首先，精子和卵子的受精能力都有一定的时间限制，精子的受精能力一般是1～2天，而由卵巢排出的卵的受精能力只有12～24小时。如果在这段时间内精子和卵子不在输卵管的壶腹部相遇的话，受精便不可能完成。其次，精子和卵子运行的通道必须是畅通无阻的，如果生殖管道闭塞使二者

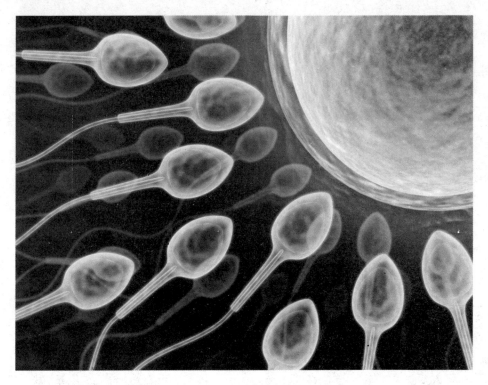

△ 人类精子与卵子受精过程

无法相遇，受精便是不可能的。再次男性的精液里必须具有足够数量的精子，虽然与卵子结合的只有一个，但因为精子从女性的阴道通过子宫到达输卵管壶腹部的路程对于它来说是十分遥远的，所以必须有足够的量来保证。一次射出约6亿个精子，到达输卵管时不过4万，到达卵子附近不过百个，穿过卵子的透明带的不过10个，而进入卵子受精的仅仅只有最快的一个。由此看来，真是长途赛跑，靠的是耐力和强壮，只有勇者胜。所以从我们还是一个细胞的时候，我们已是最强壮的了。受精是一个非常复杂的过程，涉及一系列严格有序、相互作用和协调的精细过程，包括精卵的相互识别、顶体反应、卵子的激活、膜的相互融合、雌雄原核的相互激活等。一旦精子甩掉尾巴进入卵子内部，细胞核相互融合后就变成了受精卵，受精过程即告结束，这时卵子便把其他还在竞争的精子一概"拒之门外"。

我们知道，胎儿是在母亲的子宫内生长和发育的，而受精却在输卵管中进行，这样就有一个受精卵到达子宫的过程。受精后，受精卵在外力的推动下，像蜗牛一样爬行，约一周左右，到达子宫腔。此时的子宫内膜很厚，营养充足，受精卵便在子宫膜内生根"着床"，这样，受精卵的种植过程便完成了。

受精卵到达目的地后，便开始胚胎发育过程，对于母体来说，就处于妊娠期。当胚胎发育成熟的胎儿后（约需要280天，常说的"十月怀胎"就是因为怀孕期约为10个月），胎儿从母体的子宫排出体外，这个过程称为分娩；通过分娩，一个活泼可爱的小宝宝就来到了世上。人要想来到世界上，这一系列环节中的任何一环都不能出错。

说到这里，我们或许会又要问小宝宝的性别是怎样决定的呢？

其实，生男还是生女到底由男决定还是由女决定，这是一个很古老的话题。在旧中国，人们总爱把生男还是生女的"大权"推在妇女头上，甚至是现在，还有一些人（特别是在农村）的封建思想在作怪，如果妇女生不出一个男孩来，那在家庭中就没有地位。事实上，决定孩子性别的主要是精子，而不是卵子，只不过由于胎儿在妇女体内生长发育罢了。还有些人认为，生男生女是命中注定的，这当然也是胡说八道，那么性别到底是怎么决定的呢？

人类的性别可分为遗传性别（染色体性别）、性腺性别和体征性别。我们通常说的人的性别是遗传性别，它是由性染色体决定的。人体所有的细胞都含有染色体。精原细胞和卵原细胞与身体其他细胞一样都含有23对染色体，其中22对是常染色体，1对是决定性别的性染色体X和Y。成对的常染色体都是一模一样的，但性染色体不是，X染色体个子大，而与它配对的Y染色体个子小。男人的性染色体是XY，女人的性染色体是XX。在由精原细胞和卵原细胞形成精子和卵子的过程中都发生了减数分裂，染色体减半，由23对变为23条。所以就有两种含不同性染色体的精子，它们的染色体组型分别是22+X和22+Y，而卵子只有一种即22+X。当精子和卵子结合时，染色体又配合成23对。如果是含Y染色体的精子与卵子结合，则受精卵的染色体组型是44+XY，将发育成男的。如果含X染色体的精子与卵子结合，则染色体组型是44+XX，这是决定女性的组合，将发育成女的。

所以说，生男还是生女，主要是看哪种精子首先能达到卵子与卵子结合，这是不以人的意志为转移的，主要由精子决定。一旦受精，男孩或女孩已成定局，无论你吃酸性食物或碱性食物都是无济于事的。另外既然生儿育女是男女双方的事，跟女方也有一定的关系。据说女性生殖道的环境可以影响两种精子的活力，如Y型精子更易于在弱碱性的环境中运动，所以如果女子的生殖道偏碱性的话，生出男孩的概率比较高。看来生男生女也像生儿育女一样，将由男女双方共同决定，共同完成。

受精时所决定的性别只是遗传性别，而我们通常所说的男孩还是女孩指的是体征性别，这中间还有一定的距离。这就牵扯到性别的分化问题。"性别的决定与分化"是一个连续而又不同阶段的发育过程，而"性别分化"则是遗传性别向性腺性别与体征性别演变的过程。在正常情况下，这三种性别在同一个个体是一致的，但如果在发育过程中出现异常，则会出现异常的性别，我们将在下一节给大家介绍。

在Y染色体上有一个称为H－Y抗原基因的基因存在，现在被认为与性别的分化有关。有人认为Y染色体决定原始性腺分化为睾丸是H－Y抗原的作用，一旦睾丸细胞形成后，它便分泌雄激素阻止性腺向雌性方向发展。所以说性腺分化的实质是：定位于Y染色体上的一个或者一套基因可导致未分化胚胎性腺分化为睾丸。如果没有这些基因，则性腺分化为卵巢。于是有人就提出了这样一个概念，"睾丸是定向诱导的结果，雌性发育则是缺乏雄性决定子的一个结果"。

对人类而言，一般情况下，每胎只生一个小宝宝；但也有许多双胞胎或多胞胎的例子。

"双胞胎"并不少见，大家都见过，但不知大家是否想过双胞胎是怎么回事？双胞胎有同性别双胞胎，也有异性别双胞胎（龙凤胎）；相信大家还听说过三胞胎或四胞胎等多胞胎的事例，那双胞胎或多胞胎是怎么来的呢？

双胞胎分为两种类型，一种是同卵双胞胎，另一种是异卵双胞胎，它们的机理是不相同的。

构成人类人体的各种各样的具有特殊功能的细胞都是来源于受精卵。受精卵在没有着床前，也就是它在输卵管内向子宫腔移动的同时便进行着细胞分裂，一次分裂形成两个新的细胞——卵裂球，两个再分裂形成四个等。在正常情况下，分裂后形成的卵裂球形成一个细胞群，并逐步发育成一个个体。但如果形成的卵裂球被意外地分开，成为两个或更多个细胞群，这些细胞群将分别形成一个个体，就成为双胞胎或多胞胎。这种双胞胎由于来自同一个受精卵，所以性别一样，性格、体质等遗传因素都相同，所以称为同卵双生或多生，又较真孪生。既然有双胞胎的存在，理论上也应有多胞胎的存在，根据Hellin－Zeleny定律，双胞胎的概率是1/89，三胞胎的概率为1/892（1/7921），四胞胎的概率是1/893等。而在实际生活中，多胞胎也是存在的，但非常罕见，原因就在于在胚胎的发育过程中要竞争营养，多胞胎在发育过程中很难得到充分的营养、空间而良好地发育、生存下来。

我们也见过这样一些双胞胎，他们或者是不同的性别，或者即使性别一样也长得没有多少相似之处，这种双胞胎我们称之为异卵双胞胎，又称孪生。我们知道，卵子是由卵母细胞发育而来的。妇女到青春期后，每月有10～20个初级卵母细胞开始发育，但一般只有一个卵子能发育成熟并由卵巢排出，其余的在排卵后闭锁、退化。一般情况下，妇女的左右卵巢交替排卵，每次排一个，但有些妇女的一侧卵巢也可连续排卵，或每月同时排出两个、三个或更多的卵，又由于精子是有无数个，所以这同时排出的多个卵都可以受精，从而形成双胞胎或多胞胎。这种每月排出的多个卵与多个月排出的卵没有什么差别，所以形成的双胞胎跟一般的兄弟姐妹没有什么两样。如果我们见到长得不一样的孪生子，可不要惊奇哟。

人的头颅可以移植吗

在清代蒲松龄所著的《聊斋志异》中，有这样一则故事：有一名姓朱的书生，结识了阴间姓陆的判官。朱生的妻子脸长得不漂亮，陆判官就将一个死去的美女的头换在朱生妻子的身上，使朱生妻子也有了花容月貌。

《聊斋志异》是一部专门描写鬼狐的小说，所说的事当然不会是真的。但是，随着现代医学技术的发展，心脏、肾脏等重要器官已能移植，那么，"换头术"是否也可以做到呢？科学家们对此进行了研究。

早在20世纪70年代，美国科学家罗伯特·荷花就提出，人类的大脑可以移植。最完美的方法，就是把整个人头原封不动地移植过去。这具有爆炸性的医学论点曾被人当做无稽之谈，但也是美国医学界争议的话题。

为了给"换头术"作准备，医学专家首先在动物身上做了实验。罗伯特·荷华早在1980年就成功地把一只猴子的头颅移植到另一只猴子的脖子上，这只经过换头的猴子活了2星期左右。苏联医学专家则成功地接合了双头狗。他们采取植物上最常用的"接树法"，把一个狗头接合到另一条狗的头旁侧部位。只是这种用"接树法"诞生的双头狗，因中枢神经末梢和移植的狗头相连，因此移植的狗头要指挥躯体行动是不可能的，但移植的狗头可以自由转动。

医学专家认为，事实上大脑移植要比换心换肾容易，这与人体移植器官时常见的"排斥反应"有关。

"排斥反应"即"自动防御系统"，是当人体有异物入侵时，体内的淋巴细胞能马上识破异物的动向，展开猛烈的抗拒行动。假如该移植器官的抵抗力弱，而且又是人体不可缺少的器官。那么它不仅要防御淋巴细胞的抗拒，同时也要防止本身随时会并发其他的疾病，不然就会造成生命危险。因此，换心换肾的失败通常是"排斥反应"造成的。而脑与其他人体部分完全不同的是，它本身没有淋巴细胞，不会产生"排斥反应"现象，但是有"脑血液关门"的特别机能，也能使异常物质不易进入脑内。

△ 头颅可以移植吗

话虽如此说，但要做到头颅移植，又谈何容易。不仅头颅移植手术精细复杂，而且中枢神经是否能再生，成为"换头术"的关键。人类的神经大致分为中枢神经和末梢神经两类。中枢神经传达"意志"，而末梢神经则起着"把脑的意志改变为行动"的作用。如果切断了某个部位的末梢神经，肉体上的某部分就不能活动，但不致影响其他部分的机能。切断了中枢神经，脖颈以及身体以下部分便麻痹，不能动弹，所以人遇到车祸时，往往因脊髓受破坏而引起残废或瘫痪等症状。

在临床中，末梢神经被切断后，由于再生作用，不久还能恢复正常，断指再植就应用了这个原理，而中枢神经则没有再生现象。如何使中枢神经再生，直接关系到"换头术"能否成功。

令人兴奋的是，美国、苏联医学专家在中枢神经再生方面取得了很大进展，苏联医学专家在脊髓再生实验的350只老鼠中，有140只再生成功。在美国也有人研究后证明借助某种发热物能使中枢神经再生。

如果"换头术"有一天能实现的话，像车祸中头颅完好但身体毁坏的人与头颅毁坏但身体完好的人就可以"合二为一"，将完好的头颅与完好的身体连接起来。诸如此类原因进行"换头术"后，可能会遇到严重的法律问题，这个换头者究竟是谁？是那个拥有躯体者，还是那个拥有头颅者？这在将来有待于从法律上予以确认。

南极热水湖之谜

科学家在南极洲发现了一个水温很高的热水湖——范达湖。这个湖最深处66达米，水温高达25℃，盐类含量为海水的6倍多，氯化钙的含量是海水的18倍。

关于这个湖的形成，一直有两种学说争论不休。

太阳辐射说认为，热湖来自太阳辐射的积蓄。夏天，当强烈的太阳直射湖面，太阳光中的短波光线透过冰层和湖水，把湖底、湖壁烘暖了，剩余的辐射几乎都被底层咸水所吸收、蓄积，湖面的冰层也产生一种"温室效应"，阻止了湖内热量的散发。而氯化钙这类的盐类浓溶液能有效地蓄积太阳热，南极热水湖恰恰就是这种盐类蓄热的巨大的天然装置。但持反对意见者认为，南极夏季日照时间虽然长，但阴天非常多，实际到达地面的辐射能很少，再说冰面又反射了90%以上的辐射能。在这种情况下，不可能使表面水温升得很高。另外，暖水下沉后，必然使整个水层的水温升高，而不可能仅仅使底层的水温增高。

地热活动说认为，范达湖距罗斯海50千米，而罗斯海附近有活动的墨尔本火山和正在喷发的埃里伯斯活火山，表明这一带地底岩浆活动是非常剧烈的，岩浆上涌现象很严重，受地热的影响，湖水的温度就会出现上冷下热现象。这种解释似乎很有道理，可是国际南极钻探计划实施以后，科学家们发现范达湖所在的赖特干侣区中并没有地热活动，这一学说也就宣告失败了。

南极热水湖的成因到底是什么呢，还有待进一步研究。

发声岩石之谜

　　在美国加利福尼亚州的沙漠地带，有一块巨大的岩石，足足有好几间房子那么大。这个地方居住着许多印第安人。每当圆圆的月亮升起在天空的时候，印第安人就纷纷来到这块巨石周围，点起一堆堆篝火，然后就静静地坐在地上，冲着那块巨石顶礼膜拜……

　　一堆堆篝火熊熊地燃烧着，卷起一团团滚滚烟雾，不一会儿，就把巨石紧紧地笼罩住了。

　　这时候，那块巨石慢慢地发出了一阵阵迷人的乐声，忽而委婉动听，就好像一首优美抒情的小夜曲；忽而哀怨低沉，就好像一首低沉的悲歌。巨石周围的印第安人一边顶礼膜拜着，一边如醉如痴地欣赏着这美妙的乐声。

　　滚滚的浓烟带着这神奇的乐声飘向了空旷的沙漠，飘向了深邃的夜空……

　　那么，当地的印第安人为什么要对这块巨石那样顶礼膜拜呢？这块岩石为什么会发出那样动听的乐声呢？这块巨石为什么只有在寂静的月夜，并且只有在滚滚的浓烟笼罩的时候才会发出这优美神奇的乐声呢？这块巨石里面到底隐藏着什么样的秘密呢？这一连串的问题，没有人知道，也没有人能够说得清楚。

　　在美国的佐治亚州，也有这样一种会发出声音的岩石，人们管它叫"发声岩石"异常地带。这里堆满了大大小小的岩石，它们不仅能够发出声音，而且发出来的声音就好像一首首美妙的乐曲。

　　如果人们在这个"发声岩石"异常地带散步，就会发出，磁场在这里失常了，人们甚至连方向也辨认不清。更有意思的是，当人们用小锤轻轻敲打这里的岩石的时候，无论是大岩石，还是小岩石，或者那些小小的碎石片，

△ 佐治亚石山

都会发出一种特别悦耳动听的声音。这奇妙的声音不但音乐纯美，而且音响十分清脆，就好像是从高山流水的"叮叮咚咚"的清泉一样，令人听起来如痴如醉，妙不可言。

如果不是亲眼所见、亲耳所听的话，人们根本不会相信这声音是靠敲打岩石发出来的。可是，更让人感到纳闷的是，这里的岩石只有在这个地方才能被敲击出如此悦耳动听的音乐。有人曾经做过一种实验，把这里的岩石搬到别的地方，不管怎么敲打也发不出这种美妙的声音。

那么，到底是什么原因使得这个地带产生这种奇异的现象呢？这里的岩石为什么在别的地方就发不出那种美妙的音乐呢？科学家们针对这些问题进行了一次又一次的研究和考察，对产生这种现象的原因也进行了种种推测和解释。有人说，这是个地磁异常带，存在着某种干扰源，岩石在辐射波的作用下，敲击的时候就会受到谐振，于是就发出了声音。可是，这只是一种推测。所以，科学家们一直到现在也没有找到一个令人信服的答案。

瓦塔湖零下 70℃ 为什么不结冰

瓦塔湖位于南极洲的莱特冰谷里，虽然湖面常年冰封，寒气逼人，可是湖泊深处却大不一样。

瓦塔湖表面冰层下的水温是0℃左右，随着深度的增加，水温逐渐增高。水深15～40米处水温为7.7℃；40米以下的深处，温度升得很快，距湖面60米处，有一层含盐很大的咸水层，温度达到27℃，比表面冰块的温度高47℃。极地考察队员把瓦塔湖称作地下"暖水瓶"。

人们认为地下也许有地热活动。可是，国际南极干谷钻探计划实施以后，人们发现地底下不但没有地热活动，而且湖底沉积物的温度要比湖水温度低很多，这说明湖底没有地热活动。

美国和日本的南极考察者认为，热源来自太阳。

瓦塔湖冰层很厚，而且湖水洁净。阳光照射透明的湖水，把湖底的水晒成温水。由于湖底水含盐量高，能够很好地积聚热能；上层的淡水层像条棉被，盖在上面，湖面的冰层又像密封的保暖床，使温水保持保暖。

但是，如果真是这样的话，像瓦塔湖这样的"暖水瓶"在南极不止一个，而事实并非如此，所以很多人不赞成这种说法。瓦塔湖依然是个难解的谜。

关于流沙陷阱的猜测

为什么有些沙地无论是人畜、车辆都能平安通过，而另一些却会成为可怕的陷阱呢？

起初人们认为这两种沙地的区别，在于构成沙地的沙粒特征不同，普通的沙地是由棱角状的沙子构成的，而流沙则是由滚圆度良好的圆粒沙组成。棱角状的沙子会互相嵌合，因此便形成了坚实的地面；而圆粒沙则不同，它犹如细微的球形滚珠，能互相辗转滚动，一旦有人畜等重物落于其上，滚动的沙粒便纷纷转动着让开，导致重物下沉，其情景就像是我们踩在布满滚球的地面上，滚球会很快让出一个空间一样。

但是这一理论却找不到任何事实根据，当人们在显微镜下仔细对比各地的沙粒时，可以发现流沙和其他的沙子一样，也通常主要由棱角状的沙粒构成。

另一种理论则认为，流沙的形成是由于沙粒的表面蒙有一层润滑剂或润滑液之类的东西。因为润滑液的存在，沙粒之间的摩擦力大大减低，重物一旦落在上面，沙粒会迅速滑开，致使重物下陷。

然而，这种润滑剂究竟是什么呢？谁也说不清楚。有人猜想可能是一层水膜，但是却无法解答为什么那些水下的沙洲，以及一般湿润的沙地并不成为吸入的陷阱？

有趣的流沙现象引起了地质学家史密斯博士的注意。他来到一个有流沙分布的地区。这里的流沙沿着小溪分布，沙上长着斑驳的黄绿色苔藻，看上去和普通的沙地并无任何不同。他拾起一块石头，抛了上去。顷刻，石头被沙吞没了。

史密斯谨慎地铲了一桶流沙，带回去实验。他把一些沙粒放在显微镜下，发现有些沙粒确实是圆的，但大多数是棱角状的。他让桶里的沙继续保持潮湿，苔藻照旧生长，但奇怪的是桶里的沙再也没有活性了，放上去的石头也不再沉没。这是为什么呢？

△ 流沙陷阱

为了证实自己的推想，史密斯和他的助手们设计了几种不同的实验，让水以各种不同的方式从沙内流过。他用一只大桶盛满了沙，再在桶边装置几个水管。水可以从上面注入，由桶底流出；也能从下面注入，上面流出。他又找来一个塑料娃娃，在它体内灌入铅，使它的比重和人体相仿。

这时发现，当沙桶干燥时，玩偶能在沙上站立或躺卧，仅留下极浅的凹痕；若水从上面注入，玩偶也不下沉；但当水从下面注入，向上透过沙层流出时，玩偶会一直沉没，直到沙淹没了它的颈部，就和在水中的情形一样。若让它再背上一些重物，则会出现如前面所说的匹凯特一样的下场。

据此，史密斯认为流沙的形成与上涌的水流有关。这时水流的上冲力会使沙粒互相膨散开来，沙粒不再互相叠接，而是被水托着，呈半飘浮状态。因此一旦有比重大于水的物体落在流沙上，便会像在水中一样往下沉。沙粒越细，上涌的水流越大，所形成的流沙也越危险；反之沙粒粗大，水流微弱，则形成的流沙危险性较小，叫慢流沙，万一遭遇，还可能逃脱。

空气中的氧气会用完吗

氧气是自然界中动物、植物生存不可缺少的气体。一个人每天吸入的氧气大约在590升以上，体力劳动者需要的就更多了。美国、加拿大的科学家还发现，在太阳的作用下，地球大气每年要损失500万吨氧，那么我们为什么没感到缺氧呢？

空气中的氧气大约占1/5，氧是地球上最多、分布最广的元素。据统计，在地壳中氧几乎占地壳总重量的一半。

地球上氧气的来源，人们一直认为是绿色植物光合作用放出的氧不断补给了大气。其实，海洋也是一个巨大的氧气仓库，因为水分子是由一个氧原子和两个氢原子组成的，氧占水的总重量的89％，而地球的表面有3/4是被水覆盖着。不仅如此，北极和南极的冰山以及高山上的冰川，那也是固态的水。在动植物体内，总重量的一半是水。一个体重为70千克的人，约含40千克的水，在这么多水中，氧占36千克。氧是地壳中分布最广的元素，在沙子中含53％的氧，在黏土里含65％的氧，在石灰岩里含48％的氧，绝大部分矿物也都是氧化物。

近年来，科学家们发现，地球上氧气的来源仅有10％是由陆地上的绿色植物提供，而有90％的氧气来自海洋，源于地球地壳深处。

尽管空气中每时每刻都有大量的氧气消耗掉，但是又有植物光合作用及海洋海藻、地壳深处放出大量的氧，太阳又使水蒸气分解产生氧。这样，氧气的来源广泛且不断，地球保持着大气中氧气的收支平衡，使氧气占大气含量按体积计算基本保持在1/5左右。所以，地球上的氧气是用不完的。

间歇泉的形成之谜

间歇泉为什么喷喷停停，它是怎么形成的呢？

间歇泉的形成除了要具备形成一般泉水所需的条件，比如充足的地下水源和适宜的地质构造等以外，还要有一些特殊的条件：

在地壳运动比较活跃的地区，地下要有炽热的

△ 间歇泉喷发

岩浆活动，而且距地表又不能太深，这是间歇泉的能源。上面提到的几个地方，都是这种类型的地区。

要有一套复杂的供水系统。有人把它比作"地下的天然锅炉"。在这个天然锅炉里，要有一条深深的泉水通道。地下水在通道最下部被炽热的岩浆烤热，却又受到通道上部高压水柱的压力，不能自由翻滚沸腾。狭窄的通道也限制了泉水上下的对流。这样，通道下面的水就会不断地被加热，不断地积蓄力量，一直到水柱底部的蒸气压力超过水柱上部的压力的时候，地下高温、高压的热水和热气就把通道中的水全部顶出地表，造成强大的喷发。喷发以后，随着水温下降，压力减低，喷发就会暂时停止，又积蓄力量准备下一次新的喷发。

一年只有一昼一夜的地方之谜

地球上有一年只有一昼一夜的地方，那就是在南极和北极。

地球公转有一个特点：它斜着身子转动，地轴与公转的轨道面不是成90°角，而是成66° 33′的夹角。而且在公转过程中，地轴始终指向北极星的方向。

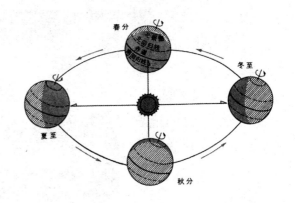

△ 地球公转示意图

在春分的时候，太阳光直射在地球的赤道附近，此时南北极所受的光照范围相同。而过了春分，太阳光直射在北半球上，以至在秋分之前（从3月下旬至9月下旬）太阳老是在北极的低空上，此时北极地区都是白天，称为"极昼"。到了秋分，太阳又直射在赤道上，南北两极所受的光照又相同。而过了秋分太阳直射点在南半球，以至在春分之前（从9月下旬至翌年3月下旬）北极地区都是晚上，称为"极夜"。

南极与北极则恰恰相反，从春分到秋分的半年时间为晚上，即"极夜"，而从秋分到春分的半年时间为白天，即"极昼"。

在"极夜"期间，太阳光照射不到极地，当然此时南极或北极相当寒冷。即使在"极昼"时，由于太阳升得很低，斜悬在天边，太阳光穿过厚厚的大气层，热量被削弱，因此南极或北极在"极昼"时也仍然是冰天雪地。

小寒反比大寒冷之谜

我国古人对小寒和大寒这两个节气的解释是："冷气积久而为寒，小者，未至极为。大者，乃凛冽至极也。"意思是小寒很冷，但大寒更冷，现今许多人也都这样认为。但实际上，小寒要比大寒寒。小寒是指每年阳历1月6日至20日前后；大寒是指每年阳历1月21日至2月4日前后。翻阅我国各地气象资料可以看出：除沿海个别区外，1年中最低的平均气温是在1月中旬，正是小寒节气内；而位于大寒节气内的1月下旬平均气温都比中旬的高。

那么，为什么是最冷的节气是小寒呢？这是因为一个地方气温的高低与太阳光的直射、斜射有关。直射时，地面上接受的光热多，温度就高；斜射时，光线通过空气层的路程要比直射时长得多，沿途中消耗的光热就要多，地面上接受的光热少，温度就低。冬天，北半球太阳是斜射的，所以各地天气都比较冷。太阳斜射最厉害的一天是冬至，那么是否冬至最冷？不！最低气温出现在冬至后一个月左右的小寒期间。因为冬至前后，虽然光线斜射最厉害，但由于夏季以来，地表层积蓄的热量可以补充大量放热的需要。小寒期间，地面得到的和放出的热量相等，也就是地表层贮存热量最少的时候，才能出现最冷的天气。因此最冷时期是在小寒节气，不是在大寒节气，也不是在冬至节气。

冬暖夏凉的地带之谜

我国辽宁省东部的桓仁县是一罕见的地带，这里夏冒冷气，冬冒热气，总长约15公里，从桓仁县沙尖子镇船营沟向西南延伸到宽甸县的牛蹄山麓。

据有关报道，还在20世纪末的一个夏天，桓仁县沙尖子镇的农民任洪福在堆砌房北头的护坡时，偶然注意到扒开表土的岩石空隙里，不断冒出阵阵寒气，感到非常惊讶。当时任家就在冒气强烈的这段护坡底角，用石块垒成了长宽各约半米，深不到1米的小洞。至今这个小洞所表现出冬热夏凉的特点，仍然令人不解。

盛夏里，洞内温度仅−2℃，石缝为−15℃，在洞口放鸡蛋就会冻破了壳，洞内放杯水变成冰块，雨水泄入石缝冻成缕缕冰柱，人们站在洞口六七米外，只一两分钟就冻得发抖。近几年来，每逢夏季，任家都利用这口天然小冻库为街上的饭店、医院、兽医站等单位储存鱼、肉、疫苗、菌种等，冷冻效果十分理想。

然而立秋以后，周围地温不断转冷，而这里的地温反而由冷趋暖。到了严冬腊月，野外冰封雪冻，寒风凛冽，各种草木都纷纷枯萎凋零。但在地温异常带却是热气腾腾，温暖如春。凡是山冈上冒气的地方，整个冬春始终存不住冰雪，特别是任家屋后，种下的蔬菜叶壮茎粗，青草茵茵。1986年，任家在冒气点上平整了一小块土地，上面盖上塑料棚，栽种大葱和蒜，割了两次蒜苗。据测，棚内气温保持在17℃，地温保持在15℃。

人们期望科学家能及早弄清这片异常地带的奥秘。

青城山 "海市蜃楼" 之谜

海市蜃楼这种虚无缥缈的奇异景象，一般都出现在沙漠和海洋上，但在四川省的青城山上空，这种罕见的自然景象也时有发生，令人惊奇不已。

青城山古称西山、天谷山，地处成都平原向川西山地的过渡地带。

在大自然界中鬼斧神工作用下，青城山处处可见绝壁深壑，断崖裂石。山上林木青翠，终年常绿，环境幽深，自古以来便有"青城天下幽"之说。

青城山"海市蜃楼"奇观，早在几百年前就有记载。清代彭洵在其所著的《青城山记》中写道："青城山中，当天清气朗，一望皆城郭都市，瓦屋螺青，车马人影往来络绎，甫诧异间，移时隐灭。"这种奇异的现象因不易出现，且"移时隐灭"，故当地人也很难见到。

2004年8月的一天，几个外地游客却在青城山见到了这难得的景象。下午3时，当他们登上前山，无意间向山下望去时，惊奇地发现除了地面上的房屋之外，在空中还有一些影影绰绰的"建筑物"，且大多是高楼大厦，与当地低矮的民房完全不同，仔细辨认，其中竟还有电视发射塔之类的高层建筑，"建筑物"与天空中薄纱般的云层交相掩映，宛如一座天上的街市。"天街"大约持续了不到两分钟时间，很快，"建筑物"变得模糊起来，随之，整个"天街"消逝得无影无踪。

其实，古今中外，这种现象并不鲜见。1869年的一个月夜，在法国某地，人们发现整个巴黎的建筑物和街道都映到了空中；1934年8月2日午后，酷日当空，我国南通的居民，突然发现长江上空出现楼台城郭和树木房屋，全长20多公里；1957年，在广东附近的海面上空，出现了城市、街道，以及船只、工厂、树木等这些"海市蜃楼"都出现在无风或风特别小的日子，由于近地的大气层中出现了强烈的逆温差，致使空气的上部和下部密度不同，

△ 青城山

在太阳光的照射下，地面上的物体经过一系列的反射和折射，其影像便"出现"在空中。

为什么青城山也会出现奇特的"海市蜃楼"现象呢？据气象专家分析，这是因为青城山也具备了相应的气象条件：一是风小，其环境幽深、宁静，无风或风小的时间很多；二是逆温差，青城山处在太平洋东南季风的迎风坡面上，降水量高达1300毫米，湿度大，且水汽不易蒸发，致使近地层的大气常出现逆温差。在天气晴朗的时候，阳光经过不同密度的空气层，便发生了折射和反射，将成都市区等远处景物显示在空中，从而形成了"海市蜃楼"奇观。

古代的现代化机械装置之谜

1900年复活节前不久，一队乘船出海的希腊采海绵的潜水员，发现了一艘沉没的古船，船上有许多物品。

其中有一件状如现代时钟的铜制机械装置，后来称之为"安地基西拉机械装置"。在它的一块碎片上留有古代雕刻，后来证实是在公元前1世纪期间刻上去的，雕刻保存最完好的部分与公元前77年前后的一份天文历极其类似。

1902年，史泰斯宣布："这件装置是古希腊的一种天文仪器。"他的看法随即引起了学术界的争论。历史学家开始认为，古希腊不可能有这么高超的机械工艺，虽然在数学方面成就显赫，但古希腊并没有机械制造技术。安地基西拉机械装置的发现，似乎要打破这一固有的观念。后来，又有不同意见：有人认为，那个如便携式打字机一半大小的机械装置是星盘，是航海的人用来测量地平线上天体角距的仪器；有的人认为可能是数学家阿基米得制造的小型天象仪；有的人认为机械装置如此复杂，不可能是上述两种中的任何一种；最保守的学术界人士甚至认为，机械装置是千年后从其他驶经该海域的船只上掉下去的。

1975年，安地基西拉机械装置的奥秘终于被揭开，耶鲁大学的普莱斯教授经过长期的研究，并在希腊原子能委员会的协助下，用丙射线检查机械装置的各个部位，了解了30多个铜齿轮的结构原理。他认为，这个装置是一台计算机，是公元前87年前后制造的，用来计算日月星辰的运行。这四件残缺的机械装置有结构复杂的齿轮、标度盘和刻着符号的壳板。普莱斯教授把它比作"在图坦哈门王陵墓中发现的一架喷气飞机"，这的确是一项前所未有的重大发现。

山头上的线条之谜

1926年，秘鲁考古学家泰罗率领一个研究小组来到南部那斯克镇附近的一片干旱高原上进行考察，忽然看见荒原上有许多纵横交错的模糊线条，经过考察，发现这些线条是清除了地上的石块后露出了黄土而形成的。

最初人们认为这些线条是古时候那斯克人的道路。20世纪20年代末30年代初，考古学家通过飞机飞行考察，发现荒原上除了线条外，还有许多巨大长方形和几何图形以及动物图形，包括猴子、蜘蛛、蜂鸟、鲸。

1941年，美国考古学家科索克通过对许多线条和图案的研究，认为它们是用作观察天象的。德国数学家赖歇认为这些线条指向主要星座或太阳，以计算日期。她认为那些图案代表的是星座，整个复杂的记号网可能是一个巨型日历。'

莫理森在一本西班牙编年史里发现了一点线索，书中记录了印加帝国首都库斯科的印第安人如何从太阳神殿出发，踏上伸向四面八方的各条直线，到沿途安设的神龛去参拜。既然那斯克荒原上的线条穿行于一堆堆石头之间，那些石堆不就是笔直的神圣路径连接的神龛吗！

莫理森发现，好几条连接神龛的路线会合于一座庙宇。印第安人沿着这些路线前往庙宇，途中不时停下来向路边的神龛参拜。

为何不能达到绝对零度

在物理学中为了研究方便引进了开氏温度，把"−273.16℃"称作绝对零度，作为开氏温度的起点。现在人们虽然可以轻易获得几百万度的高温，但不能把最低温度降到绝对零度。为此在热化学里，有这样一条定律："绝对零度是不能到达的。"

科学家在为争取达到绝对零度的研究中，发现了一些奇妙的现象。如氦本是气体，在−268.9℃时变成了液体，当温度继续下降时，原本装在瓶子里的液体却轻而易举地从只有0.01毫米的缝隙中，很容易地溢到瓶外去，继而出现了喷泉现象，液体的黏滞性也消失了。

那么，人们为什么不能得到"−273.16℃"的温度呢？

因为低温的获得与气体的液化分不开。气体的液化就是使分子热运动减缓，气体液化的方法是先将另一种气体液化（如我们使用的液化石油气），让它在低温下蒸发而使其温度降低，再用这种低温物质使需要液化的低温气体冷却。这样，一种接一种地连续下去，就可不断地得到更低的温度。如此看来，低温似乎是可以无限地降低。但是有一点必须指出，温度的产生是分子运动的结果，分子运动小，温度就低，如到达"−273.16℃"，分子就不运动了。而物质都是在不停地运动着的，所以说"−273.16℃"是不可能达到的。

千奇百怪的植物界之谜

植物界真是一个奇趣无穷的世界，在这个世界中，有许许多多的奇花异果和奇树异草是我们想都想不到的呢。

我们都知道，面包是用面粉做的，而面粉是用小麦加工得到的。可是在热带的太平洋群岛上，有一种高大的树木，结出的果实又好吃又富有营养，外形像面包一样，这种树因而被叫做"面包树"。类似能长出食品的树还有面条树、香肠树、西米树、鸡蛋树以及会生产饮料的奶树和酒树等好多种呢。

植物不但可以为我们提供果腹的食物，还可以为我们提供蔽体的衣服。有一种树的树皮长得非常特别，只需经过简单的加工就可以制成柔软舒适的布，成为制作天然衬衣的好原料，因而得到"衬衣树"的美称。另一种树出产的布料较粗糙，适合制作外衣，被称为"裙子树"。

还有更奇怪的呢。有一种神秘的果子，人吃了它后会产生味觉上的改变，本来是酸酸的东西，这会儿却感觉是甜的，原来是苦的，现在变成了辣的，多有趣！更厉害的是有的植物含有一些能作用于人的神经中枢的物质，食用后能使人产生各种幻觉；有些植物长有可分泌毒液的螫人长毛，人和动物被它螫后如同马蜂叮咬般疼痛难忍，令人望而生畏；而有一种树的树液含有剧毒，能通过伤口进入体内，迅速毒死人和其他动物，是土著人制作毒箭的重要材料，被称作"见血封喉树"；至于那些会翩翩起舞的舞草、能使人醉倒的醉草、能预报天气的风雨花、夜间睡觉的植物、会"午睡"的植物、有"血型"的植物、会"说话"的植物、会"运动"的植物、会"害羞"的植物、会"流眼泪"的植物、会发电的植物、会报时的树、会"吹箫"的树、怕挠痒痒的树、能催眠的花以及叶片能为人们指示方向的奇特的指南针植物等，不但是人们茶余饭后很好的谈资，更可成为人类的好帮手呢。

△ 高原植物界

　　当然，植物的种种特性从来都不是为了人类而存在的，它们是在漫长的年代里自然选择和进化的结果。

　　在阳光和降水都很丰沛的热带地区，植物的植株大都长得高大伸展，如有一种热带长叶椰子树，一张叶片就足有27米多长。而在热带雨林，高达几十米的树木一点也不罕见。热带的植物不仅植株高大，开的花也不同凡响。一般来说，直径10厘米左右的花就已经算作大花了，有一种生长在热带的寄生植物大王花直径达到一米多，是世界上最大的单朵花；有的植物的花不是单朵的，而是由许多小花聚集排列在一起，我们称之为花序，像常见的"串红"等。一般植物的花序可长达十几厘米、几十厘米，巨魔芋的花序则长达3米左右，而世界上花序最长的植物是巨掌棕榈，它的花序竟可高达14米。

　　在地球的南北两极，那里是白雪覆盖的世界。在漫长的冬季，零下四五十度的气温是司空见惯的，还经常有强劲凛冽的暴风雪，只有短短的夏季。就是在这样恶劣的气候条件下，仍然有少数植物存活下来，它们大多是生长缓慢的苔藓地衣类，紧紧地依存在大地上，默默地抵御着大自然的暴虐，顽强地延续着自己的生命。

　　在海拔五千米以上的巍峨峭拔的高山之巅，那里空气稀薄，降水稀少，终年低温且强风劲吹，土层浅薄且易冻结，自然环境极其恶劣，被人们称为"生命的禁区"。然而，就是在这连鸟儿都飞不到的地方，植物依然扎根发芽、开花结果。在长期同严寒、干燥和狂风的斗争中，植物都形成了特殊的形态，不但植株变小，结构变得紧密而简单，而且平贴着地面生长在一起，形成了垫状植物，真是巧妙得很呢！你可别小看它们，大的垫状植物，直径可达1米以上，它们生长在高山上，一簇簇、一团团，远远望去，真疑是"绿星点点"呢。在海拔7000米以上的新疆托尔木尔峰，一到夏天，那里便山花烂漫，五彩缤纷。开紫红花的高山紫苑、金黄色的金缕梅，还有珍贵的雪莲，在阳光下争奇斗艳，绚丽迷人，那真是大自然的奇迹呀！

还有一些绿色植物适应了高热干旱的沙漠生活。由于它们在干旱条件下，极难获得水分，植物们纷纷变换了体态。它们一般都有肥厚多汁的茎叶，有发达的用来储存水分的组织；它们的表皮上一般生有很厚的蜡质、绒毛和刺，表皮上的气孔不仅数目少，而且常常关闭，以减少体内水分的蒸发。大约有两千多种仙人掌植物就是这样生活在沙漠中的。还有的植物练就了快速反应的绝活，能利用沙漠很稀少的降雨，在短短的几天内就完成萌芽、生根、长叶、开花、结果的全过程，为传宗接代做好了充分的准备。

一般来说，如果土壤里的盐分含量高于0.3%，植物就难以存活了。但是，在含盐量高达50%的重度盐碱地上，我们仍能看到一些耐盐植物在茁壮成长，根本就不在乎盐碱的侵害。

我们知道，人和其他哺乳动物都是胎生的，如果说植物中也有胎生的，你能相信吗？这当然不是开玩笑。在自然界中，确实存在着植物的"胎生"现象。世界上绝大多数植物的种子在成熟后，通常会离开母体散发出去，然后在合适的温度、湿度等外界条件下，在土壤中萌发，逐渐长成一株幼小的植株。然而，为了适应复杂严酷的自然环境，有少数被子植物，它们好像哺乳动物的胎儿在母体中发育那样，当种子成熟时，并不马上离开母体，而是在果实中萌发，长成幼苗后再离开母体，这就是植物中的"胎生现象"。世界上最有名的胎生植物是红树。红树是生长在热带海洋沿岸泥质滩涂上的树种，是海岸的天然保护神。当红树的种子成熟后，不离开母株而在果实里萌发，胚轴伸长并突出果实之外，形成一棵棒状的幼苗。这样，在每一棵红树母株上都结满了棒状的"炸弹"，其长度可以达到50厘米。当幼苗长到一定程度时，借助于本身的重量和风力与母体脱离，落下来恰好插进海滩的淤泥中，红树就这样"分娩"了。数小时后，这些"胎生"的幼苗就长出许多幼根和枝叶，将自己牢牢固定在沙滩上，在海潮到来之前，它们已经是一株株能够独立生长的小树了。此外，生长在我国陕西、甘肃、青海和四川的一种叫做胎生早熟禾的小草，还有生长在我国东北、内蒙古、河北、青海等地的珠芽蓼，以及人们经常吃的佛手瓜也都是"胎生"植物。

世界上最高的植物是北美的原始巨杉，它们生长在美国加州西北部沿海的红杉树国家公园内，一株株历经千年，高耸入云，通常要数人甚至十余人才能将树干合抱。当你面对高80多米，树干基部直径达11米多的"谢尔曼将军树"的时候，即使仰视也不能见到"世界上最大的活生物"的顶端。如果你知道你面对的是古埃及金字塔的"同龄人"时，你会不会不由自主地对它产生无限的敬慕呢？与此相对照，有一种浮萍直径只有0.3毫米，而且一样会开花、结果，是世界上最小的显花植物，相差多么悬殊！

植物界中寿命最短的种子植物是短命菊，只能活几个星期。而刺果松，屹立在美国西部极为干旱贫瘠的高山上，寿命却长达4000多年，有的甚至超过8000年，是世界上最长寿的树种之一。

千岁兰，繁衍生息在非洲西南沿海的纳米布沙漠和邻近的安哥拉荒漠上，一反沙生植物叶片缩小甚至退化的常规，展现出世界上极其罕见的巨型叶片，其寿命达2000多年，被誉为植物界的活化石。尤为奇特的是，它的巨叶虽经几千年风沙的侵蚀，却始终不会凋谢、枯萎；铁桦树，木质比钢铁还要硬一倍，任何蛀虫在它面前都要望木兴叹；猪笼草、捕蝇草、瓶子草、水车草等一些生长在沼泽湿地的植物，为了补充不易获得的氮元素，叶子进化成各种巧妙的捕虫机关，以捕捉和消化那些大意或贪婪的昆虫，成为植物中的"肉食者"……

大自然真是神奇啊！把那么珍奇瑰丽的植物世界呈现在我们面前，不知还有多少秘密在等着我们去探索、去发现呢！

世界上最寒冷的地方在何处

南极洲是世界上最寒冷的大洲。每年的11月至次年的3月，是南极洲的暖季。此时，南极洲沿岸地带平均气温一般都在0℃以下，内陆平均气温则在—35℃～—20℃之间。每年的4月～10月是南极洲的寒季。此时，南极洲沿岸地带平均气温为—30℃～—20℃，内陆平均气温则低达—70℃～—40℃。1983年7月21日，人们在南极洲记录到—89.2℃的极端最低气温。到南极洲进行科学考察的人员，必须穿上防寒、防风性能很好的衣服。

由于气候寒冷，一般不耐寒的生物难以在南极洲生存。但是，在南极洲，人们可以看到大群大群不怕寒冷的企鹅。企鹅的头和背是黑色的，腹部白色，足短，翅膀小，走起路来左右摇摆，就像一位绅士。企鹅不能飞，但在水中游得很快。有一天，一位南极考察队的专家刚在帐篷里躺下休息，就听到一种奇怪的鸟叫声。他走出帐篷一看，见是一只企鹅。它东张西望，见人后就扑打着翅膀迎了上来，围着帐篷巡视一周后，便在附近卧睡。又有一次，在考察队汽车行驶途中，忽然有几只企鹅向汽车追赶而来。考察队的汽车立即停下。为首的那只企鹅一摇一摆向汽车走来，发现没有危险之后，便招呼它的同伴前来参观汽车和雪橇，随后心满意足地离去。

南极洲是冰雪的世界，是企鹅的乐园。南极洲为什么如此寒冷呢？

南极洲的严寒，首先是因为它所处的纬度很高。南极洲绝大部分在南极圈以内，所获得的太阳辐射能量很少。在南极洲的暖季，尽管有几个月的白昼，但太阳光线与地面的夹角小，地面所获得的太阳光热量有限。我们知道，同样一束太阳光线照射地面，它与地面的夹角越小，地面单位面积获得的热量就越少。假设一束横截面为1平方厘米的太阳光线与地面的夹角为90°，那么地面1平方厘米就可以获得1份热量。若太阳光线与地面的夹角为

30°，那么太阳光线就会照射在2平方厘米的面积上，地面1平方厘米就只能获得0.5份热量。南极洲由于纬度高，即使在南极洲正午太阳光线与地面夹角最大的一天（12月22日），在南极点上，这个夹角也只有23.5°。由此可见，南极洲由于纬度高而使它获得的太阳热量很少。而在南极洲的寒季，大部分的时间内是漫漫黑夜，无法得到阳光的充分照射。

南极洲终年被冰雪覆盖，这也是南极洲气候酷寒的一个重要原因。因为冰雪能强烈地反射太阳光，不过不同的地面反射太阳光的能力不同。据测量，被地面反射掉的辐射占投射辐射量的百分比，干黑土为14%，潮湿黑土为8%，而南极洲广为冰雪覆盖，有75%～90%的太阳辐射被冰雪反射掉。这样，能够被南极洲地面吸收的热量更是少得可怜。

还有，在南纬40°至南纬60°之间，存在着强大的西风环流。它犹如巨大的"风墙"，阻碍了南极洲寒冷空气与热带、亚热带温暖空气的相互交换，这就更加剧了南极洲的寒冷。

南极洲地势高，大气的保温作用差，加上南极大陆上空的空气中水汽含量极少，缺乏吸收地面长波辐射的能力，从而使得南极洲地面的热量很快散失，这也是造成其气温很低的一个原因。

此外，南极大陆风速很大，连日狂风呼啸，大风把地面剩下不多的热量很快带走，使降温加快。南极洲的寒季，正值地球绕日公转运行到远日点附近。此时，地球公转速度比较慢，这使得南极点极夜（终日黑夜，不见太阳）的天数比北极点要多，从而使南极洲失去的热量更多。

由于上述因素的共同作用，南极洲比北极地区更加寒冷，成为地球上最寒冷之处。

我国冬季最寒冷的地方在何处

1月份，我国不少地方气候寒冷。就1月份平均气温而言，北京为－4.6℃，太原为－6.6℃，沈阳为－12℃。但是，它们的寒冷程度远远不及位于黑龙江省北部的漠河。漠河1月份平均气温为－30.9℃，因此漠河是我国冬季最寒冷的地方。漠河极端最低气温－52.3℃，是我国气象台站迄今为止记录下的最低气温。在冬天的漠河，还可以见到绚丽多彩的北极光。

冬天的漠河寒风凛冽，刮在脸上有丝丝的灼痛感。人们呼出的热气，很快就会在头发、眉毛上形成乳白色梳松的针状冰晶，年轻人看上去也像是"圣诞老人"。大衣变得硬邦邦的，食品就像棱角锋利的石头。旅游者见到了银装素裹的白桦，寂静无声的冰雪大地，宁静祥和的居民村落，还见到了不怕严寒、正在凿冰捕鱼的老汉。北国冬天的静穆和清冽，冰雪的神韵和纯美，树木的挺拔和顽强……这一切，均给冬日游漠河的南方人留下终身难忘的印象。

冬天的漠河又为什么这样寒冷呢?

漠河是我国纬度最高的县份。冬天，太阳光与地面的夹角相当小，阳光斜射，到达地面的太阳光热量极少。加上冬季漠河昼短夜长，光照时间短，更使其热量吸收少。冬天的漠河还常受到来自北方的冷空气袭击。这些冷空气来自西伯利亚内陆，干冷异常，进一步加剧了漠河的寒冷。另外漠河地处河谷中，夜间冷空气沿坡下沉，使漠河受此冷空气控制。在晴朗的夜晚，地面因强烈向太空辐射热量而使气温下降更快。

漠河尽管冬天寒冷，但在夏天，它还是比较温暖的。漠河约有100天的无霜期，居民种植小麦、大豆、马铃薯等作物，执著地生活在这一片北国疆土上。

还有人认为，我国冬季的最低气温可能出现在世界最高峰——珠穆朗玛峰的峰顶。因为在对流层，平均每上升1000米，气温下降6.5℃。那么当冬季气温最低时，珠穆朗玛峰的峰顶气温可能比漠河更低，成为我国冬季气温最低的地方。